Animate 2024 中文版标准实例教程

胡仁喜　万　龙　宋南阳　编著

机械工业出版社

本书是一本全面介绍使用 Animate 2024 制作动画的教材，旨在帮助用户快速掌握 Animate 2024。全书共分 10 章。第 1 章是 Animate 2024 的入门基础，详细介绍了 Animate 2024 的有关概念和软件界面；第 2 章介绍绘图基础和文本的使用；第 3 章介绍元件和实例；第 4 章介绍图层和帧的相关知识；第 5 章介绍动画制作基础；第 6 章介绍制作交互动画；第 7 章介绍滤镜和混合模式；第 8 章介绍 ActionScript 基础；第 9 章介绍组件的应用；第 10 章通过 3 个综合实例对前面所学的理论知识进行总结和应用。

本书面向初中级用户、各类网页设计人员，也可作为大专院校相关专业学生或社会培训班的教材。

图书在版编目（CIP）数据

Animate2024 中文版标准实例教程 / 胡仁喜，万龙，宋南阳编著． -- 北京：机械工业出版社，2024. 11.
ISBN 978-7-111-76610-0

Ⅰ．TP391.414

中国国家版本馆 CIP 数据核字第 2024C5L026 号

机械工业出版社（北京市百万庄大街 22 号　邮政编码 100037）
策划编辑：王　珑　　　　　　责任编辑：王　珑
责任校对：李　杉　李小宝　　责任印制：任维东
北京中兴印刷有限公司印刷
2024 年 11 月第 1 版第 1 次印刷
184mm×260mm・16.75 印张・422 千字
标准书号：ISBN 978-7-111-76610-0
定价：59.00 元

电话服务　　　　　　　　网络服务
客服电话：010-88361066　机 工 官 网：www.cmpbook.com
　　　　　010-88379833　机 工 官 博：weibo.com/cmp1952
　　　　　010-68326294　金 　书 　网：www.golden-book.com
封底无防伪标均为盗版　机工教育服务网：www.cmpedu.com

前　言

Animate 是由 Adobe Systems 开发的多媒体创作和动画程序。Animate 可用于设计矢量图形和动画，并发布到电视节目、视频、网站、网络应用程序、大型互联网应用程序和电子游戏中。该程序还支持位图形、丰富文本、音频和视频嵌入以及 ActionScript 脚本。可以为 HTML5、WebGL、可缩放矢量图形（SVG）动画和 Spritesheet 以及传统 Flash Player（SWF）和 Adobe AIR 格式发布动画。

Animate 2024 是 Adobe 公司最新推出的支持 HTML5 标准的网页动画制作工具，其前身是 Flash Professional CC。尽管 Animate 已转型为制作 HTML5、SVG 和 WebGL 等更安全的视频和动画的全功能型动画工具，仍继续支持创作 Flash 内容。

本书是一本全面介绍使用 Animate 2024 进行多媒体和动画创作的教材，旨在帮助用户快速掌握 Animate 2024，并尽可能多地提供一些实例供读者参考。

全书共分 10 章。第 1 章是 Animate 2024 的入门基础，详细介绍了 Animate 2024 的有关概念和软件界面；第 2 章介绍绘图基础和文本的使用；第 3 章介绍元件和实例；第 4 章介绍图层和帧的相关知识；第 5 章介绍动画制作基础；第 6 章介绍制作交互动画；第 7 章介绍滤镜和混合模式；第 8 章介绍 ActionScript 基础；第 9 章介绍组件的应用；第 10 章通过 3 个综合实例对前面所学的理论知识进行总结和应用。

本书力求内容丰富、结构清晰、实例典型、讲解详尽、富于启发性。在风格上力求文字精炼、脉络清晰。另外，在内容中包含了大量的"注意"与"提示"，提醒读者可能出现的问题、容易犯下的错误以及如何避免，还提供操作上的一些捷径，使读者在学习时能够事半功倍，技高一筹。在每一章的末尾，还精心设计了一些思考练习题，读者可以通过这些练习题掌握本章的操作技巧和方法。

对于初次接触 Animate 的读者，本书是一本很好的启蒙教材和实用的工具书。通过书中一个个生动的范例，读者可以一步一步地了解 Animate 2024 的各项功能，学会使用 Animate 2024 的各种创作工具，掌握 Animate 2024 的创作技巧。对于已经使用过 Flash 或 Animate CC 的网页创作高手来说，本书将为他们尽快掌握 Animate 2024 的各项新功能助一臂之力。

本书面向初中级用户、各类网页设计人员，也可作为大专院校相关专业学生或社会培训班的教材。

为了配合各学校师生利用此书进行教学的需要，随书配送的电子资料包中包含所有实例的素材源文件，并制作了全程实例动画 AVI 文件，总时长达 200 多分钟。内容丰富，是读者配合本书学习提高的最方便的帮手。读者可以登录百度网盘（地址：https://pan.baidu.com/s/17Mwo0CaWy_em2ztp-fk6KQ）或者扫描下面二维码下载，密码：swsw（读者如果没有百度网盘，需要先注册一个才能下载）。

读者可以加入三维书屋图书学习交流群 QQ：929564753，编者随时在线提供本书学习指导以及诸如软件下载、软件安装、授课 PPT 下载等一系列的后续服务，让读者无障碍地快速学习本书。

本书由石家庄三维书屋文化传播有限公司的胡仁喜博士以及陆军工程大学石家庄校区的万龙和宋南阳编写，其中胡仁喜执笔编写了第 1、2 章，万龙执笔编写了第 3～7 章，宋南阳执笔编写了第 8～10 章。本书的编写和出版得到了很多朋友的大力支持，值此图书出版发行之际，向他们表示衷心的感谢。同时，也深深感谢支持和关心本书出版的所有朋友。

书中主要内容来自于编者几年来使用 Animate 的经验总结，也有部分内容取自于国内外有关文献资料。虽然编者几易其稿，但由于水平有限，书中纰漏与失误在所难免，恳请广大读者联系 714491436@qq.com 提出宝贵的批评意见。

编　者

目　录

第 1 章　初识 Animate 2024

本章导读

　　Animate 2024 作为新一代的动画制作软件中的新版本，比起以前的 Flash 系列和 Animate CC，在功能和界面上都有了很大进步。当然，对于不熟悉 Animate 2024 的读者，通过本书的学习，将会了解到其意义所在。

学 习 要 点

📖 Animate 2024 的工作界面

📖 Animate 基础知识

📖 Animate 2024 新功能

1.1 Animate 概述

Animate（前身为 Flash Professional）软件主要用于动画制作，使用该软件可以制作网页互动动画，还可以将一个较大的互动动画作为一个完整的网页。只要用鼠标进行简单的点击、拖动操作就可以生成精美的互动动画。Animate 还被广泛用于多媒体领域，如交互式软件开发、产品展示等多个方面。在 Director 及 Authorware 中，都可以导入 Flash 动画。

Adobe 推出 Flash Professional 动画制作软件已有 20 多年，在制作网页游戏和动画的过程中，Flash 曾获得了巨大的成功，成为互联网上炙手可热的宠儿。但过去 10 年，Flash 正逐渐走向消亡。Flash 的衰落很大程度上并不是由于 Flash 视频本身有问题，而是 Flash 播放器已知和未知的安全漏洞实在数不胜数，难以防范，给用户带来了巨大的风险；苹果和谷歌抵制 Flash，则是因为它加载时非常缓慢，降低设备的电池续航时间；此外，在如今跨平台才是王道的互联网时代，浏览器对 Flash 的兼容问题，使 Flash 成为互联网行业的噩梦。

在网页动画和互动功能方面，HTML5 正逐渐成为 Flash 的替代选择。从各个方面来看，HTML5 都是更好的选择，同时也是一个开放的标准。为了能够让 Flash 这款软件适应新环境，2015 年底，Adobe 将 Flash Professional CC 更名为 Animate CC，转型成全功能的动画工具，HTML5、SVG 和 WebGL 等更安全的视频和动画格式成为新平台的重点服务对象。除此之外，鉴于 Flash 目前仍在网络中被广泛应用，且 HTML5 和其他网页标准尚未足够成熟，Adobe 公司将继续加强现有 Flash 内容的兼容性和安全性，仍将对使用 Animate 创作 Flash 内容进行支持，但是鼓励用户在创作动画时使用 HTML5 格式。

随着时代的不断更新，最新推出的 Animate 2024，无论是在功能上还是在工作效率上都有很大的提高。特别是在继续支持 Flash SWF、AIR 格式的同时，还会支持 HTML5 Canvas、WebG，并能通过可扩展架构支持包括 SVG 在内的几乎任何动画格式。

通过简短的介绍，读者应该对 Animate 2024 有了一个宏观上的认识，随着以后学习的深入，会了解更多细节，开始美妙的 Animate 2024 之旅吧。

1.2 工作界面

启动 Animate 2024，新建一个 ActionScript 3.0 文件，其操作界面便会出现在屏幕上，如图 1-1 所示。

Animate 2024 的操作界面主要由以下几个部分组成：标题栏、菜单栏、编辑栏、绘图工具箱、时间轴面板、舞台及多个浮动面板组成。界面顶端加入了快速更换工作区布局功能，可以方便不同的用户人群切换使用（如开发人员、设计人员、调试人员）。

1.2.1 标题栏

标题栏显示的内容主要有 Animate 图标、快速共享和发布、工作区布局模式切换按钮、测试影片、最小化按钮、最大化和正常之间的切换按钮以及关闭按钮。

单击"工作区"按钮 ，在弹出的下拉列表中可以看到 Animate 2024 推出的八种工作区外观模式：动画、传统、调试、开发人员、设计人员、基本、基本功能、小屏幕。不同的工作区外观模式适用于不同层次或喜好的设计者，无论是一个程序员还是一个设计师，都可以在 Animate 2024 给出的工作区外观模式中找到合适的设计模式。

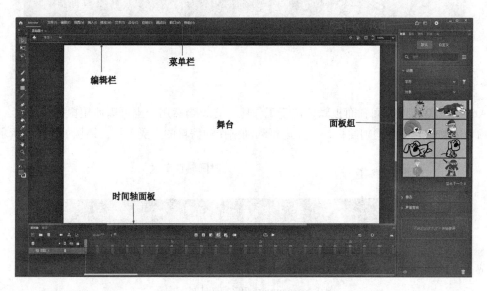

图 1-1　Animate 2024 的操作界面

1.2.2　菜单栏

菜单栏包括"文件""编辑""视图""插入""修改""文本""命令""控制""调试""窗口"和"帮助"11 个菜单项，如图 1-2 所示。

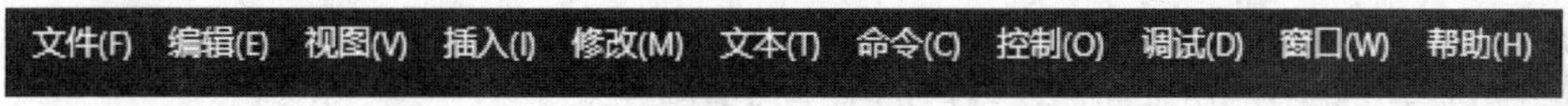

文件(F)　编辑(E)　视图(V)　插入(I)　修改(M)　文本(T)　命令(C)　控制(O)　调试(D)　窗口(W)　帮助(H)

图 1-2　菜单栏

1.2.3　绘图工具箱

使用 Animate 进行动画创作，首先要绘制各种图形和对象，这就要用到各种绘图工具。在 Animate 2024 中，绘图工具箱作为浮动面板以图标形式停靠在工作区左侧，单击工作区左侧的工具箱缩略图标 ✂，即可展开工具箱面板，如图 1-3 所示。

可以通过用鼠标拖动绘图工具箱，改变它在窗口中的位置。将工具箱拖到工作区之后，通过拖曳工具箱的左右侧边或底边，可以调整工具箱的尺寸，如图 1-4 所示。绘图工具箱中包含了 20 多种绘图工具，用户可以使用这些工具对图像或选区进行操作。

有关绘图工具箱中的工具的使用方法及属性设置将在本书下一章进行详细介绍。

图 1-3　工具箱面板

3

图 1-4　Animate 2024 绘图工具箱

1.2.4　时间轴面板

Animate 2024 的时间轴面板默认位于工作区下方，当然用户也可以使用鼠标拖动它，改变它在窗口中的位置。时间轴面板是用于进行动画创作和编辑的主要工具，结构如图 1-5 所示。

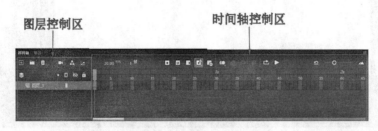

图 1-5　Animate 2024 的时间轴面板

时间轴面板分为两大部分：图层控制区和时间轴控制区。下面分别对这两部分进行简单的介绍。

1. 图层控制区

时间轴面板的左边区域就是图层控制区，用于进行与图层有关的操作。它按顺序显示了当前正在编辑的文件的所有图层的名称、类型、状态等。图层控制区中各个工具按钮的功能如下：

- 显示 / 隐藏：用来切换选定层的显示或隐藏状态。
- 锁定 / 解锁：用来切换选定层的锁定或解锁状态。
- 显示 / 隐藏轮廓：用来切换选定层轮廓的显示或隐藏状态。
- 新建图层：增加一个新图层。新建一个 Animate 文档时，文件默认的图层数为 1。尽管用一个图层也可以制作动画，但是在 Animate 中，同一时间一个图层只能设置一个动画，所以制作较复杂的动画时，就需要多个图层了。
- 新建文件夹：增加一个新的文件夹。文件夹主要用来分类并管理图层。
- 删除层：删除选定层。删除图层的同时，该图层上的所有对象也会被一并删除。
- 添加摄像头：添加虚拟摄像头，模拟摄像头移动和镜头切换效果。
- 图层深度：可以打开"图层深度"面板，在 Z 深度级别排列图层。
- 显示图层：用来切换仅查看现有图层和所有图层。
- 显示 / 隐藏父级视图：用来切换选定层父级视图的显示或隐藏状态。

2. 时间轴控制区

时间轴面板的右侧区域是时间轴控制区，用于控制当前帧、动画播放速度、时间等。时间轴控制区中各个工具按钮的功能如下：

- 插入关键帧：单击此按钮，在时间轴上添加关键帧，用实心圆点表示。关键帧是动画中具有关键内容的帧，或者说是能改变内容的帧。关键帧的作用就在于能够使对象在动画中产生变化。

- ⊡ 插入空白关键帧：单击此按钮，在时间轴上添加空白关键帧，用空心圆点表示。插入一个空白关键帧时，它可以将前一个关键帧的内容清除掉，画面的内容变成空白，其目的是使动画中的对象消失。在一个空白关键帧中加入对象以后，空白关键帧就会变成关键帧。

- ▯ 插入帧：单击此按钮，在时间轴上添加一个普通帧。

- ▱ 自动插入关键帧：可向选定帧添加"关键帧"或"空白关键帧"。随即会在现有帧范围之外显示蓝点，以指示自动插入关键帧的帧编号。

- ▱ 删除帧：选取关键帧或空白关键帧，单击此按钮，将其删除。

- ▶ 播放控件：用于调试或预览动画效果的播放控件。

- ⤼（循环）：将当前选中的帧范围循环播放。如果没有选中帧，则当前整个动画循环播放。

- ◐ 绘图纸外观：可以让用户一次看到多帧画面，各帧内容就像用半透明的绘图纸绘制的一样叠放在一起。

- ◤（将时间轴缩放重设为默认级别）：单击该按钮，即可将缩放后的时间轴调整为默认级别。

- ▮ ○ ▲（调整时间轴视图大小）：单击右侧的 ▲，可以在视图中显示较少帧；拖动滑块，可以动态地调整视图中可显示的帧数。

1.2.5　舞台和粘贴板

Animate 2024 的舞台和粘贴板是用户进行创作的主要区域，图形的创建、编辑以及动画的创作和显示都是在该区域中进行的。

舞台周围的深灰色区域是粘贴板，通常用作动画的开始和结束点，即对象进入和离开影片的地方。

舞台上方是编辑栏，其中各个按钮的功能如下：

- ◀：返回主场景。

- 场景1 ∨：编辑场景，在各场景之间进行切换，同时显示当前场景的名称。

- ♣：编辑元件，在各元件之间进行切换。

- ⊞：舞台居中。

- ✋：旋转工具，将舞台旋转。

- ▨：将位于舞台范围以外的内容裁切掉。

- 100% ∨：在该下拉列表框中可以设置舞台的显示比例。

1.2.6　库面板

默认情况下，启动 Animate 2024 时，"库"面板不会出现在工作界面上。由于"库"面板是使用频率比较高的一个工具，很多操作都需要它，下面就对它做一个简单的介绍。

使用"窗口"菜单中的"库"命令，就可以打开"库"面板，如图 1-6 所示。

"库"面板可以拖放到任何位置。单击库面板右上角的折叠/展开按钮 »，可以在打开和折叠之间切换。

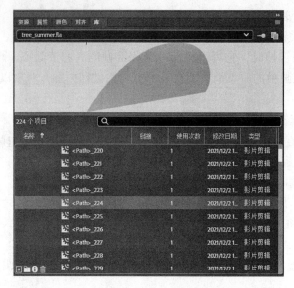

图 1-6 "库"面板

所有制作的元件和补间都将自动存入库中，库中的内容可以直接点击预览；双击库项目图标可以进入元件编辑状态；双击库项目名称可以修改其名称；单击左下角的"新建元件"按钮，"新建文件夹"按钮和"属性"按钮可以对库进行管理。

许多用户可能希望交换彼此的动画元件来使用，尤其是共同制作同一个方案的小组。在 Animate 2024 中可以将影片所使用的元件单独开放为库，放到另一个动画影片中使用，而且如果修改了共用库文件，所有使用这个库元素的影片都会自动更新。

1.3 基础知识

本节介绍一些动画制作的基本概念，理解这些概念不但对熟练掌握 Animate 的操作技巧有益，而且对使用其他的软件也有很大的帮助。

1.3.1 位图与矢量图

计算机中表示图像主要有两种方式：位图与矢量图。Animate 是使用矢量图的软件。在现代的软件中，已经越来越多地提倡两者的融合，而 Animate 2024 虽然生成的是矢量图，但是也能够处理位图。

1. 位图

位图使用一系列的彩色像素点描述图像，它将图像中每一个像素的颜色值都保存在文件中。像素是以栅格的状态排列的，一幅位图由有限个像素点构成，所以位图具有一定的分辨率。如果放大位图，将会导致图像失真。

2. 矢量图

矢量图使用数学方法描述几何形状，包括线宽、填充颜色等。通常，矢量图通过直线和曲线等基本元素来描述，这些基本元素称为矢量。每条直线和曲线都有自己的属性，包括直线和曲线的位置信息、颜色信息等。修改矢量图，实际上是修改直线和曲线的属性。矢量图可以任意移动、缩放、变形或者改变色彩，而不影响图形的质量；与位图相比，矢量图小得多，所以把矢量图应用到网页上可以大大加快浏览速度。

1.3.2　颜色模式和深度

颜色模式有以下几种：

- RGB 模式：自然界中所有肉眼能看到的颜色都由红、绿、蓝三种颜色按照不同的强度组合而成，也就是通常所说的三原色原理，也称为加色模式。
- Lab 模式：由 RGB 模式转换而来，由一个发光率 L 和两个颜色 a、b 组成。用颜色轴构成平面上的环形线表示颜色的变化。
- HSB 模式：这种模式将颜色看成三个要素：色调 H、饱和度 S、亮度 B，比较符合人的主观感受。
- CMYK 模式：这种颜色模式一般在印刷中使用，它由青（C）、洋红（M）、黄（Y）、黑（K）四种颜色组成。与 RGB 模式刚好相反，通过减少光线来产生色彩，也就是通常所说的减色原理。

颜色深度是指每个像素可表达的颜色数，它与数字化过程中的量化数有着密切的关系，有伪彩色、高彩色、真彩色等几种分类。

1.3.3　Alpha 通道

Alpha 通道是在颜色深度的基础上叠加 8 位，也就是 256 个级别的灰度数值。

1.3.4　多媒体文件常用格式

熟悉不同的文件格式，对熟练地使用 Animate，做出好的动画作品有很大的帮助。表 1-1 是部分常用音频文件和视频文件的缩写，对于每种文件的说明，这里不做过多的阐述。

表 1-1　部分常用音频文件和视频文件的缩写

音频	*.wav	*.aif	*.au	*.mp3	*.ra	*.voc	*.mid	*.cmf	*wma
图像	*.gif	*.bmp	*.tif	*.dxf	*.jpg	*.png	*.eps		
视频	*.aiv	*.mov	*.dat	*.mpg	*.flv	*.asf	*.wmv		

在这里，需要注意的是，Adobe Animate 2024 不支持导入 FreeHand、PICT、PNTG、SGI 和 TGA 文件；不能导出 EMF 文件、WMF 文件、WFM 图像序列、BMP 序列或 TGA 序列。

1.4　Animate 2024 新功能

在之前较早版本的基础上，Animate 2024 在众多功能上都有了有效的改进，本节将介绍 Animate 2024 一些较为重要的新功能。

1. 对 Apple Silicon 的原生支持

从 Animate 2024 开始，Animate 可在 Apple Silicon 芯片组上以原生方式运行，并显著提升了下列常见工作流程的性能：

（1）应用程序启动速度提高多达 2 倍。

（2）发布速度提高多达 2 倍。

（3）时间轴回放速度提高多达 3 倍。

（4）流畅绘图。

2. 美观的用户界面

体验全新设计的美观用户界面，利用比以往更充足的空间来编排动画。设置所需的颜色主题，以便在 Creative Cloud 应用程序中获得完美且一致的外观。

通过以下路径设置颜色主题：

Windows：编辑 > 首选项 > 编辑首选项 > 界面 > 颜色主题。

macOS：Animate> 设置 > 编辑首选 > 界面 > 颜色主题。

3. 重置变形资源

使用新的一键式重置变形资源选项轻松尝试姿势创建。

在前台使用资源变形工具选择任何变形对象时，可以在属性面板对象选项卡的变形选项部分中找到重置变形资源按钮。

1.5　本章小结

本章主要介绍了 Animate 的由来和特点，最后介绍了 Animate 2024 的新增功能与新特性。这一章是学习 Animate 应具备的背景知识，希望读者能够对本章有很好的了解。

1.6　思考与练习

1. 计算机中的图形格式有两种形式，一种是_____图形格式，另一种是_____图形格式。

2. Adobe Animate 2024 的时间轴窗口一般位于工作区的下方，分为_____和_____两大部分。

3. 什么是 Animate ？它是怎么出现的？

4. Animate 软件的特色有哪些？

5. Animate 2024 增加了哪些重要的新功能？

6. Animate 软件通常应用在哪些方面？

第 2 章　绘图基础和文本的使用

本章导读

　　在使用 Animate 2024 创建动画之前，首先需要创建各种精美的图形元素或图像，然后再以这些图形或图像元素为基础进行动画创作。Animate 2024 的绘图工具栏提供了用来创建、编辑矢量图的工具。

　　文字在日常生活中有着不可或缺的作用，是传递信息的重要手段，具有迅速、准确等特点。使用 Animate 2024 不但可以创建各种各样的矢量图形，还可以创建不同风格的文字对象。

　　本章主要介绍使用 Animate 2024 创建图形和文本的知识，这是动画制作中最基本的操作，也是后面动画处理的基础。

- 📖 绘图基础
- 📖 文本的使用
- 📖 组合、分离对象

Animate 2024 中文版标准实例教程

2.1 绘图基础

要制作精美的动画，扎实的绘图功底必不可少。本节将对绘图工具箱中的各种绘图工具进行简单的介绍。

2.1.1 使用绘图工具

用户可以使用绘图工具箱中的铅笔工具、线条工具、钢笔工具、椭圆工具、矩形工具等创建基本的矢量图形。

1. 使用"铅笔工具"

利用 Animate 2024 提供的铅笔工具，可以绘制出随意、灵活多变的直线或曲线。Animate 2024 提供了 3 种铅笔模式。下面简要介绍铅笔工具的使用方法。

（1）新建一个 Animate 文件，单击工具箱中的编辑工具栏图标■■■将铅笔工具 ✎ 拖放至工具箱中。

（2）在绘图工具箱底部选择铅笔模式。有"伸直""平滑""墨水"三种模式，如图 2-1 所示。各种模式的具体含义及功能如下：

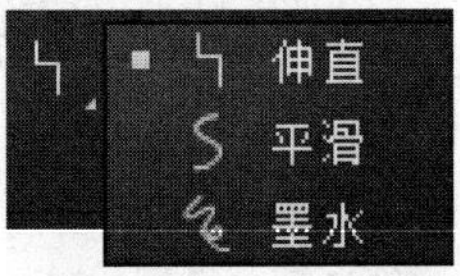

图 2-1 铅笔模式

- "伸直"：绘制出来的曲线趋向于规则的图形。选择这种模式后，使用铅笔绘制图形时，只要按事先预想的轨迹描述，Animate 2024 将自动对曲线进行规整。若要绘制一个椭圆，只要利用铅笔工具绘制出一个接近椭圆的曲线，松开鼠标时，该曲线会自动规整成为一个椭圆，如图 2-2 所示。

- "平滑"：这种模式尽可能地消除图形边缘的棱角，使矢量线更加光滑，如图 2-3 所示。

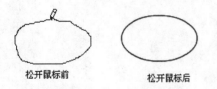

松开鼠标前　　　　　松开鼠标后

图 2-2 使用"伸直"铅笔模式　　　　图 2-3 使用"平滑"铅笔模式

- "墨水"：这种模式不对绘制的曲线做任何调整，绘制的矢量线更加接近手工绘制。例如，选择较粗的笔画，然后在舞台上拖动鼠标，即可得到如图 2-4 所示的矢量线效果。

（3）选择铅笔样式。在如图 2-5 所示的属性设置面板上设置矢量线的宽度、线型、颜色。

- ▷ ▭ **笔触**：笔触颜色。单击颜色色块，可以设置线条的颜色。

- ▷ ◙：启用或关闭对象绘制模式。单击"对象绘制模式"图标按钮，可以打开对象绘制模式。在对象绘制模式下创建的形状是独立的对象，在叠加时不会自动合并。分离或重排重叠图形时，也不会改变它们的外形。支持"对象绘制"模式的绘画工具有铅笔、线条、钢笔、画笔、椭圆、矩形和多边形工具。

- ▷ 笔触大小：设置线条宽度。可以直接在文本框中输入线条的宽度值，也可以拖动滑块调节线条的宽度。

- ▷ 样式：设置线条风格。该选项的下拉列表中包括"极细线""实线""虚线""点状线""锯齿线""点画线"和"斑马线"7 种线条风格。单击"样式"右侧的"样式选项"按钮 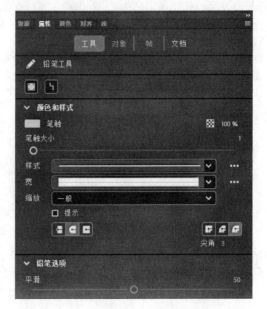，在下拉菜单中选择"编辑笔触样式"，在弹出的"笔触样式"对话框中可以修改笔触的粗细、转角、图案、间距、点距、密度等属性。

图 2-4 使用"墨水"铅笔模式   图 2-5 属性设置面板

> 宽：设置可变宽度的样式。该选项的下拉列表中包括 7 种可变宽度样式，默认为"均匀"。

> 缩放：设置在 Flash Player 中缩放笔触的方式。其中，"一般"指始终缩放粗细，是 Animate 2024 的默认设置；"水平"指仅水平缩放对象时，不缩放粗细；"垂直"指仅垂直缩放对象时，不缩放粗细；"无"表示从不缩放粗细。

> 提示：选中"提示"复选框，可以在全像素下调整直线锚点和曲线锚点，防止出现模糊的垂直或水平线。

> 平头 / 圆头 / 矩形端点：设置路径端点的样式。

> 接合：定义两个路径片段的相接方式，有尖角连接、圆角连接和斜角连接 3 种。若要更改开放或闭合路径中的转角，先选择一个路径，然后选择另一个接合选项。

> 尖角：当接合方式选择为"尖角连接"时，为了避免尖角接合倾斜而输入的一个尖角限制。超过这个值的线条部分将被切成方形，而不形成尖角。

> 平滑：设置 Animate 平滑线条的程度。可以指定介于 0 ~ 100 之间的值。平滑值越大，所得线条就越平滑。

（4）在舞台上按下鼠标左键并拖动，舞台将显示鼠标的运动轨迹。

提示：使用铅笔工具绘制线条时，按住 Shift 功能键不放，可在舞台上绘制水平线、垂直线。

2. 使用"线条工具"

"线条工具"可以说是"铅笔工具"的特例，用于绘制各种不同方向的矢量线段。选择"线条工具"后，用户可以通过对应的属性设置面板，对线条的线型、颜色进行设置，具体的设置方法与铅笔工具一样，这里不再进行介绍。

> **提示：** 使用"线条工具"绘制线条时，按住 Shift 功能键不放，可在舞台上绘制水平线、垂直线以及角度为 45° 倍数的直线。

3. 使用"钢笔工具"

使用"钢笔工具"可以绘制复杂、精确的曲线。钢笔工具的使用方法如下：

（1）新建一个文件，单击绘图工具箱中的"钢笔工具"按钮。

（2）选择"窗口"/"属性"命令，调出属性设置面板。

（3）在属性设置面板中设置钢笔的线型、线宽与颜色。

（4）在舞台上单击，可以看到在单击处绘制出一个点。

（5）单击绘制第二个点，Animate 会在起点和第二个点之间绘制出一条直线，如图 2-6a 所示；如果在第二个点按下鼠标左键不放并拖动鼠标，就会出现图 2-6b 所示的情况，在第一个点和第二个点之间绘制出一条曲线，这两个点称为"锚点"。

在图 b 中可以看到有一条经过第二个锚点并沿着鼠标拖动方向的直线，且这条直线与两个锚点之间的曲线相切。

（6）松开鼠标，绘制出的曲线如图 2-6c 所示。

（7）选择第三个点，重复上面的步骤，就会在第二个点和第三个点之间绘制出一段曲线。这一段曲线不但与在第三个锚点处拖动的直线相切，而且与在第二个锚点处拖动的直线相切，如图 2-6d 所示。依此类推，添加其他锚点。

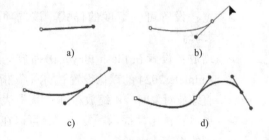

图 2-6　使用钢笔工具

（8）绘制完成，如果要结束开放的曲线，双击最后一个锚点，或再次单击绘图工具箱中的"钢笔工具"按钮。如果要结束封闭曲线，可以将鼠标移到开始的锚点上，这时在鼠标指针上会出现一个小圆圈，单击就会形成一个封闭的曲线。

绘制曲线后，还可以在曲线中添加、删除以及移动某些锚点。

（9）选择"钢笔工具"，将鼠标在曲线上移动，鼠标指针变成钢笔形状，并且在钢笔的左下角出现一个"+"号，此时，如果单击，就会增加一个锚点；如果将鼠标移动到一个已有的锚点上，鼠标指针会变成钢笔形状，并且在钢笔的左下角出现一个"−"号，此时双击，就会删除该锚点，曲线也将重新绘制。

利用"首选参数"对话框可以设置钢笔的一些属性。

（1）执行"编辑"/"首选参数"/"编辑首选参数"菜单命令，弹出"首选参数"对话框，单击其中的"绘制"类别。

（2）选中"显示钢笔预览"复选框，可以在绘制曲线时进行预览。

4. 使用"椭圆工具"

使用"椭圆工具"绘制的图形不仅包括矢量线，还能够在矢量线内部填充色块。除此之外，可以根据具体的需要，取消矢量线内部的填充色块或外部的矢量线。椭圆工具的使用方法如下：

（1）在绘图工具箱中选择"椭圆工具"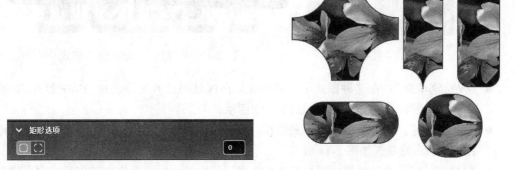。

（2）在属性面板设置椭圆的属性。

如果要绘制椭圆轮廓线，将"填充颜色"设置为无色状态，即单击"填充颜色"图标 填充，在弹出的颜色面板中选择◻，取消填充色。

（3）在舞台上按下鼠标左键并拖动，确定椭圆的轮廓后，释放鼠标。如果在拖动鼠标时按住 Shift 键，可绘制正圆。

在 Animate 中还可以设置椭圆工具的内径绘制圆环，或取消选择"闭合路径"复选框绘制弧线，或通过设置"开始角度"和"结束角度"，绘制扇形。

此外，Animate 还提供图元对象绘制工具，使用"基本椭圆工具"或"基本矩形工具"创建椭圆或矩形时，不同于使用对象绘制模式创建的形状，Animate 将形状绘制为独立的对象。利用属性面板可以指定图元椭圆的开始角度、结束角度和内径以及图元矩形的边角半径。

> **提示：** 只要选中"基本椭圆工具"或"基本矩形工具"中的一个，属性面板就将保留上次编辑的图元对象的值。

5. 使用"矩形工具"

使用"矩形工具"不但可以绘制矩形，还可以绘制矩形轮廓线。矩形工具的使用方法与椭圆工具类似，在此不再一一叙述。

需要说明的是，选择"矩形工具"之后，在属性面板上的"矩形选项"区域可以输入数值设置矩形各个角的边角半径，如图 2-7 所示。矩形边角半径的范围是 −9999 ～ 9999 之间的任何数值。值越大，矩形的圆角就越明显。设置为 0 时，可得到标准的矩形；设置为 9999 时，绘制出来的矩形就是圆形。不同边角半径的矩形效果如图 2-8 所示。

图 2-7　"矩形选项"区域　　　　　　　　　　图 2-8　不同边角半径的矩形效果

默认情况下，调整边角半径时，四个角的半径同步调整。如果要分别调整每一个角的半径，单击"单个矩形边角半径"按钮，出现四个调整框并输入数值。

6. 使用"传统画笔工具"

"传统画笔工具"可以用来建立自由形态的矢量色块。使用方法如下：

（1）选中绘图工具箱中的"传统画笔工具"![笔刷图标]。

（2）在绘图工具箱底部可以设置画笔模式、是否使用压力和斜度，如图 2-9 所示。还可以在如图 2-10 所示的属性面板上自定义画笔形状和大小。

图 2-9　传统画笔工具的选项　　　　　　图 2-10　传统画笔工具属性面板

画笔模式用来设置画笔对舞台中其他对象的影响方式，单击"画笔模式"按钮![图标]，弹出如图 2-11 所示的菜单，其中各个选项的功能如下：

- "标准绘画"：在这种模式下，新绘制的线条覆盖同一层中原有的图形，但是不会影响文本对象和引入的对象，如图 2-12 所示。

图 2-11　"画笔模式"按钮选项　　　　　　图 2-12　画笔的"标准绘画"模式

- "仅绘制填充"：在这种模式下，只能在空白区域和已有矢量色块的填充区域内绘图，并且不会影响矢量线的颜色，如图 2-13 所示。
- "后面绘画"：在这种模式下，只能在空白区绘图，不会影响原有的图形，只是从原有图形的背后穿过，如图 2-14 所示。
- "颜料选择"：在这种模式下，只能在选择区域内绘图。不会影响到矢量线和未填充的区域，如图 2-15 所示。
- "内部绘画"：这种模式可分为两种情况，一种情况是当画笔起点位于图形之外的空白区域，在经过图形时，从其背后穿过；第二种情况是当画笔的起点位于图形的内部时，只能在图形的内部绘制图，如图 2-16 所示。

图 2-13　"仅绘制填充"模式　　　图 2-14　"后面绘画"模式　　　图 2-15　"颜料选择"模式

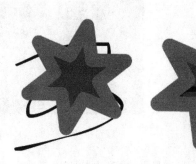

图 2-16　"内部绘画"模式

"锁定填充"选项用来切换在使用渐变色进行填充时的参照点。按钮弹起，表示非锁定填充模式，单击该按钮，即可进入锁定填充模式。

在非锁定填充模式下，以现有图形进行填充，即在画笔经过的地方，都包含一个完整的渐变过程，如图 2-17 所示。

当画笔处于锁定状态时，以系统确定的参照点为准进行填充，画笔涂到什么区域，就对应出现什么样的渐变色，如图 2-18 所示。

图 2-17　画笔不锁定状态的效果　　　　　　图 2-18　画笔锁定状态的效果

选中"随舞台缩放大小"复选框，可根据舞台缩放级别的变化按比例缩放画笔大小，并可以在绘制时实时预览。

7. 使用"画笔工具"

与上一节介绍的基于笔触的传统画笔工具不同，画笔工具可以沿绘制路径应用所选艺术画笔的图案，从而绘制出风格化的画笔笔触。画笔工具的使用方法如下：

（1）在绘图工具箱中选中"画笔工具"。

（2）在绘图工具箱底部设置画笔模式：伸直、平滑和墨水，如图 2-19 所示。

（3）在如图 2-20 所示的"属性"面板上设置画笔的笔触颜色和大小、样式等属性。

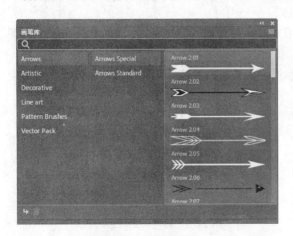

图 2-19　画笔工具的画笔模式　　　　　　　　图 2-20　画笔工具的属性面板

单击"样式"右侧的"样式选项"按钮■■■，在弹出的下拉菜单中选择"画笔库"选项，可以打开 Animate 提供的一组艺术画笔预设，如图 2-21 所示。双击画笔库中的任一图案画笔，即可将其添加到"属性"面板的"样式"下拉列表中，如图 2-22 所示。

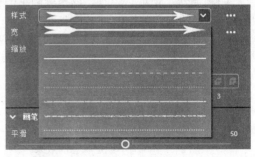

图 2-21　预设画笔　　　　　　　　　　　　图 2-22　添加笔触样式

单击"样式"右侧的"样式选项"按钮■■■，在弹出的下拉菜单中选择"编辑笔触样式"选项，可以打开如图 2-23 所示的"画笔选项"对话框，设置画笔类型、压力敏感度和斜度敏感度。

Animate 2024 画笔工具中的所有笔触样式支持"绘制为填充色"功能，在属性面板上单击"绘制为填充色"按钮，可将画笔生成的形状设置为填充区域，不单击则默认为笔触。

8. 使用"宽度工具"

使用过 AI 软件的用户对宽度工具应该不会陌生。宽度工具主要用于编辑曲线，与钢笔工具相比，宽度工具编辑曲线更便捷。Animate 也引入了宽度工具，可方便地修改笔触的粗细度，创建漂亮的花式笔触。

"宽度工具"的使用方法如下：

（1）使用前面介绍的绘图工具在舞台上绘制线条，例如，使用铅笔工具绘制如图 2-24 所示的路径。

（2）在绘图工具箱中选择"宽度工具" 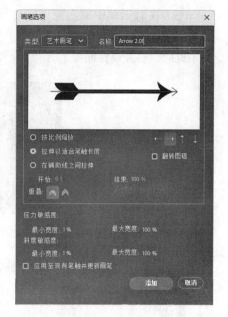，将鼠标指针移到要修改的路径上时，鼠标指针变为，路径变为选中状态，且当前鼠标指针所在位置显示宽度手柄和宽度点数。

（3）在宽度点数上按下鼠标左键并向外拖动，如图 2-25 所示。释放鼠标，即可看到笔触修饰后的效果。

（4）重复上面的步骤，对其他路径笔触进行修改。修改完成后的效果如图 2-26 所示。

图 2-23　"画笔选项"对话框

图 2-24　绘制路径

图 2-25　修改笔触宽度

图 2-26　修改后的笔触效果

定义笔触宽度之后，还可以将笔触保存为可变宽度配置文件。步骤如下：

（1）选择要添加的可变宽度笔触，如图 2-27 所示。

（2）打开属性面板，单击"宽"属性右侧的 按钮，在弹出的下拉菜单中选择"添加到配置文件"选项，弹出如图 2-28 所示的"可变宽度配置文件"对话框。

图 2-27　可变宽度笔触

图 2-28　"可变宽度配置文件"对话框

提示：只有在舞台上选中了非默认宽度配置文件的可变宽度时，"添加到配置文件"按钮可用。同理，只有在"宽"下拉列表中选中了自定义宽度配置文件时，"删除配置文件"按钮可用。

（3）在对话框中输入配置文件的名称，例如"花式 01"，然后单击"确定"按钮关闭对话框。

此时，打开属性面板上的"宽"下拉列表框，可以看到创建的花式笔触，如图 2-29 所示。

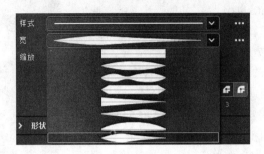

图 2-29　添加的可变宽度配置文件

如果要恢复默认的宽度配置文件，可单击"宽"属性右侧的■■■按钮，在弹出的下拉菜单中选择"重置配置文件"选项。

注意：重置配置文件时，将删除所有已保存的自定义配置文件。

2.1.2　选择对象

要编辑修改对象，必须先选择对象。Animate 2024 提供了多种选择对象的工具，最常用的就是"选择工具"和"套索工具"，下面就对它们分别进行说明。

1. 使用"选择工具"选择对象

绘图工具箱中的黑色箭头按钮 就是"选择工具"按钮。下面以一个简单实例演示选择对象的方法。具体步骤如下：

（1）在一个新建立的 Animate 文件中使用"椭圆工具"绘制两个椭圆，再利用"矩形工具"在一个椭圆上绘制一个矩形，如图 2-30 所示。

（2）单击右边椭圆的矢量线外框，整条矢量线将一起被选中；如果单击左边椭圆的矢量线外框，只能够选择一部分矢量线，从椭圆和矩形的交接处断裂开，如图 2-31 所示。这是因为在选择矢量线时，选择工具会将两个角之间的矢量线作为一个独立的整体进行选择。

图 2-30　绘制矢量图　　　　　　　　　　图 2-31　选择矢量线外框

（3）单击矩形的矢量边框线，只能选择一条边线。

（4）双击矢量线，则同时选中与这条矢量线相连的所有外框矢量线。

（5）单击矢量色块，可以选中这部分矢量色块，而不会选择矢量线外框，如图 2-32 所示。

（6）双击矢量色块，则连同这部分色块的矢量线外框同时被选中，如图 2-33 所示。

图 2-32　选择矢量色块　　　　　　　　　　　图 2-33　同时选择色块和矢量线

（7）如果要同时选择多个不同的对象，可以使用以下两种方法之一：

● 按下鼠标左键不放并拖动鼠标，用拖动的矩形线框选择多个对象。

● 按住 Shift 键，然后单击需要选择的对象。

（8）如果只选择矢量图形的一部分，可以拖动"选择工具" ![]框选所需的部分。但是这样只能选择规则的矩形区域。如果需要选择不规则的区域，就要用到下面即将介绍的"套索工具"。

2. 使用"套索工具"选择对象

使用"套索工具" ![]可以选择对象的一部分，与"选择工具"相比，"套索工具"的选择区域可以是不规则的，因此更加灵活。

单击"套索工具"按钮![]，然后在舞台上按下鼠标左键并拖动，沿鼠标运动轨迹会产生一条不规则的蓝线，如图 2-34 所示。拖动的轨迹既可以是封闭区域，也可以是不封闭的区域，"套索工具"都可以建立一个完整的选择区域。如图 2-35 所示是利用"套索工具"选取的区域。

图 2-34　使用套索工具选取的蓝线　　　　　　图 2-35　选取后的图形

3. 使用"多边形工具"选择对象

单击"多边形工具"按钮![]，将鼠标移动到舞台上单击，放置第一个点，再将鼠标移动到下一个点单击，重复上述步骤，就可以选择一个多边形区域。双击结束选择。

4. 使用"魔术棒"选择对象

单击"魔术棒"按钮![]，将鼠标指针移动到某种颜色处，当鼠标指针变成![]时单击，即可选中将该颜色以及与该颜色相近的颜色。这种模式主要用于选取色彩变化细节比较丰富的对象。

在使用魔术棒之前，需要对魔术棒的属性进行设置。单击![]按钮，切换到"魔术棒"属性设置面板，如图 2-36 所示。该属性面板各个选项的功能如下：

● "阈值"：值越大，选取对象时的容差范围就越大，该选项的范围在 0～200 之间。

图 2-36 "魔术棒"属性设置面板

● "平滑"：有 4 个选项，分别是"像素""粗略""一般"和"平滑"。这四个选项是对阈值的进一步补充。

2.1.3 变形工具

在 Animate 2024 中可以通过多种方法改变对象的大小与形状，如使用"选择工具" 可以任意改变对象的大小；使用菜单命令可以精确调整对象。

1. 使用"选择工具"改变对象的大小与形状

使用"选择工具"可以对矢量图形进行某些编辑，主要用于修改矢量线的弧度和矢量色块的外形。具体步骤如下：

（1）选中"选择工具" ，将鼠标指针移动到矢量线上，当选择工具下方出现弧形符号时，按下鼠标左键并拖动矢量线到合适的弧度，然后松开鼠标即可，效果如图 2-37 所示。

图 2-37 调整矢量线弧度

（2）将鼠标指针移动到矢量线的连接点，指针下方出现两条折线 ，此时，可以对矢量线连接点位置进行修改，效果如图 2-38 所示。

图 2-38 调整连接点位置

（3）通过设置"选择工具"的"平滑"属性，可以使矢量线和矢量色块的边缘变得更加平滑。例如，选中如图 2-39 所示的不规则矢量图形后，多次单击"平滑"按钮 ，矢量图形外部边缘会逐渐变得平滑，效果如图 2-40 所示。

图 2-39　不规则图形　　　　　　　　　　　　图 2-40　平滑后效果

（4）如果需要使矢量线的棱角变得分明，可以使用"选择工具"的"伸直"选项 。效果如图 2-41 所示。

图 2-41　伸直前后的效果

2. 使用"任意变形工具"改变对象的形状

"任意变形工具"以对象某一点为中心，做任意角度的旋转、倾斜和变形。下面通过一个实例进行说明，具体的操作步骤如下：

（1）新建一个 Animate 文档。使用"矩形工具"在舞台上绘制一个矩形，并选择该对象。

（2）单击绘图工具箱中的"任意变形工具"按钮 ，在绘图工具箱底部单击"旋转与倾斜"按钮 ，或选择"修改"/"变形"/"旋转与倾斜"命令。此时可以看到矩形四周显示 8 个黑色的正方形调节手柄，如图 2-42 所示。

（3）将鼠标指针移动到矩形任一个角的调节手柄上，鼠标指针变成旋转符号 。此时按下鼠标左键并拖动，可以旋转矩形，如图 2-43 所示。

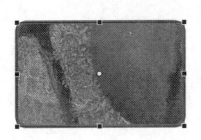

图 2-42　使用了旋转与倾斜命令　　　　　　　图 2-43　旋转矩形

（4）旋转的中心点默认为对象的中心位置，用户可以根据需要改变旋转的中心点。将鼠标指针移动到中心点，当鼠标指针的右下角出现一个小圆圈 时，按下鼠标左键并拖到目标位置即可。

提示： 在旋转时按住 Shift 键，可以使对象以 45° 为单位进行旋转。

（5）将鼠标指针移动到矩形外框 4 条边中间的调节手柄上，鼠标指针变成双向箭头，此时按住鼠标左键不放，沿箭头方向拖动鼠标，可以倾斜矩形，如图 2-44 所示。

（6）在绘图工具箱底部单击"缩放"按钮 ，或选择"修改"/"变形"/"缩放"命令。将鼠标指针移动到变形框角上任意一个手柄，鼠标指针变成双向箭头，此时按住鼠标左键不放，沿箭头方向拖动鼠标，可以对矩形进行等比例缩放。

（7）拖动变形框 4 条边中间的调节手柄，可以在水平方向或垂直方向对矩形进行缩放。

（8）在绘图工具箱底部单击"扭曲"按钮 ，或选择"修改"/"变形"/"扭曲"命令。拖动变形框的任意一个手柄，鼠标指针会变成一个三角形 ，此时按住鼠标左键不放，沿箭头方向拖动鼠标，可以对矩形进行扭曲，如图 2-45 所示。

图 2-44　使矩形倾斜

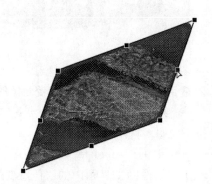

图 2-45　扭曲矩形

（9）在绘图工具箱底部单击"封套"按钮 ，或选择"修改"/"变形"/"封套"命令。此时可以看到选中对象四周显示一个有许多个黑色正方形调节手柄的变形框，如图 2-46 所示。将鼠标指针移到变形框上的任意一个手柄上，鼠标指针变成三角箭头 ，此时按住鼠标左键不放，沿箭头方向拖动鼠标，可以对矩形进行封套变形。效果如图 2-47 所示。

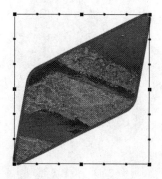

图 2-46　使用"封套"命令

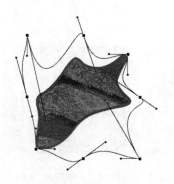

图 2-47　最终显示效果

3. 使用"命令"菜单精确调整对象

如果要精确地调整对象，可以使用菜单命令实现。具体步骤如下：

（1）使用绘图工具箱中的"选择工具" 在舞台上选择需要精确调整的对象。

（2）执行"修改"/"变形"菜单命令，在弹出的子菜单中选择需要的变形命令。

4. 使用"变形"面板精确调整对象

使用"变形"面板可以精确地将对象进行等比例缩放、旋转，还可以精确地控制对象的倾斜角度。操作步骤如下：

（1）使用绘图工具箱中的"选择工具" 在舞台上选择需要精确调整的对象。

（2）执行"窗口"/"变形"命令，弹出如图 2-48 所示的"变形"面板。

在该面板中可以进行如下设置。

● 在 后面的对话框中输入水平方向的缩放比例。

● 在 后面的对话框中输入垂直方向的缩放比例。

● "约束"按钮显示为 时，可以等比例缩放对象；"约束"按钮显示为 时，可以在水平或垂直方向单独缩放。

● 选择"旋转"单选按钮，可以在后面的文本框中输入需要旋转的角度。

● 选择"倾斜"单选按钮，可以在后面的文本框中输入水平方向与垂直方向需要倾斜的角度。

● 单击"水平翻转所选内容"按钮 ，可以将所选对象进行水平翻转。

● 单击"垂直翻转所选内容"按钮 ，可以将所选对象进行垂直翻转。

● 单击"重制选区和变形"按钮 ，则原来的对象保持不变，将变形后的对象制作一个副本放置在舞台中。

● 单击"取消变形"按钮 ，可以使选中的对象恢复到变形前的状态。

5. 使用"信息"面板精确调整对象的位置

使用"信息"面板可以精确地调整对象的位置和大小。

（1）选择需要精确调整的对象。

（2）执行"窗口"/"信息"命令，在弹出的如图 2-49 所示的"信息"面板中设置对象的位置和大小。

图 2-48 "变形"面板

图 2-49 "信息"面板

将鼠标指针移到选定对象上，在"信息"面板上可以查看光标处的颜色、笔触宽度和当前鼠标的坐标值。

注意：在"信息"面板中使用坐标值调整对象的位置时，要注意对象注册点/变形点的位置。单击"注册点/变形点"按钮可以调整注册点/变形点的位置，对应的坐标值也随之改变。注册点为时，显示对象左上角相对于舞台左上角的坐标；注册点为时，显示对象中心点相对于舞台左上角的坐标。

6. 使用"部分选取工具"改变图形的形状

使用"部分选取工具"，可以对使用铅笔工具、线条工具、矩形工具、椭圆工具以及钢笔工具绘制的矢量图形进行调整。既可以调整直线线段，也可以调整曲线线段，还可以通过调整锚点的位置和切线，调整曲线线段的形状。

下面通过一个实例进行说明，具体的操作步骤如下：

（1）新建一个 Animate 文档，利用"矩形工具"绘制一个矩形矢量图形。

（2）选择"部分选取工具"框选绘制的矢量矩形，显示曲线的锚点和切线的端点。如图 2-50 所示。

图 2-50　矢量图形选择前后的效果图

（3）矢量线上的各个点相当于用钢笔绘制曲线时加入的锚点。将鼠标指针移动到锚点上，鼠标指针下方会出现一个方块，按下鼠标左键并拖动，可以调整曲线的形状，如图 2-51 所示。

图 2-51　调整曲线的效果图

2.1.4　橡皮擦工具

"橡皮擦工具" 主要用来擦除舞台上的对象。选择绘图工具箱中的"橡皮擦工具"，在工具属性面板中会出现 5 个按钮选项，分别是"水龙头模式" 、"橡皮擦模式" 、"使用压力" 、"使用斜度" 和"橡皮擦类型" 。下面对其中的 3 个选项进行介绍。

1. 橡皮擦模式

在绘图工具箱底部单击"橡皮擦模式"按钮 ，可以看到 5 种不同的擦除模式，下面对这 5 种擦除模式进行简单的介绍。

- "标准擦除"：Animate 默认的擦除模式。这种模式下的橡皮擦工具可以擦除矢量图形、线条、打散的位图和文字。
- "擦除填色"：在这种模式下，只可以擦除填充色块和打散的文字，不能擦除矢量线。
- "擦除线条"：在这种模式下，只可以擦除矢量线和打散的文字，不能擦除矢量色块。
- "擦除所选填充"：在这种模式下，只可以擦除已被选择的填充色块和打散的文字，不能擦除矢量线。使用这种模式之前，必须先用"选择工具"或"套索工具"等选择一块区域。
- "内部擦除"：在这种模式下，只可以擦除连续的、不能分割的填充色块。在擦除时，矢量色块被分为两部分，而每次只能擦除一个部分的矢量色块。

> **提示**：选择绘图工具箱中的"橡皮擦工具"后，按住 Shift 键不放，在舞台上单击并沿水平方向拖动，可以沿水平方向擦除；在舞台上单击并沿垂直方向拖动，可以沿垂直方向擦除；如果需要擦除舞台上的所有对象，双击绘图工具箱中的"橡皮擦工具"即可。

2. 水龙头模式

选择"水龙头模式" 之后，鼠标指针变成水龙头形状 。它与"橡皮擦工具"的区别在于，橡皮擦只能进行擦除局部，而水龙头工具可以擦除整体。

3. 橡皮擦类型

Animate 提供了 9 种大小不同的形状选项，其中圆形的橡皮有 3 种，矩形的橡皮 6 种，单击即可选择橡皮擦形状。

> **注意**：在舞台上创建的矢量文字，或者导入的位图图形，不能直接使用橡皮擦工具擦除。必须先执行"修改"/"分离"命令将文字和位图打散成矢量图形，然后使用橡皮擦工具擦除。

2.1.5　填充效果

除了可以使用属性设置面板修改对象的填充属性，还可以用"颜料桶工具"和"渐变变形工具"修改填充色块的属性。

1. 使用"颜料桶工具"

在绘图工具箱中选择"颜料桶工具" ，对应的属性面板如图 2-52 所示，绘图工具箱底部出现两个属性设置，即"间隔大小" 和"锁定填充" ，其功能简要介绍如下：

- "不封闭空隙"：只有填充区域完全封闭时才能填充。
- "封闭小空隙"：当填充区域存在小缺口时可以填充。
- "封闭中等空隙"：当填充区域存在中等缺口时可以填充。
- "封闭大空隙"：当填充区域存在大缺口时可以填充。
- "锁定填充"：填充效果与本章2.1.1节中画笔的锁定填充效果相同。

设置颜料桶属性后，在要填充的对象上单击，即可使用指定的填充色或图案进行填充。

2. 使用"墨水瓶工具"

在绘图工具箱中选择"墨水瓶工具" ，对应的属性面板如图2-53所示。对比图2-52所示的"颜料桶工具"属性面板，可以看出两者的区别，"颜料桶工具"填充的是内部区域，"墨水瓶工具"填充的是笔触颜色。

图2-52 "颜料桶工具"属性面板

图2-53 "墨水瓶工具"属性面板

3. 使用"渐变变形工具"

使用"渐变变形工具" 可以调整线性渐变填充样式、径向渐变填充样式和位图填充样式。

调整线性渐变填充样式的方法如下：

（1）选中一个线性渐变填充的图形。

（2）单击绘图工具箱中的"渐变变形工具" ，可以看到图形四周显示两个圆形手柄和一个方形手柄，如图2-54左边第一个图所示。两条平行线叫做渐变线，反映线性渐变的渐变方向与渐变量。

（3）使用鼠标拖动渐变线中间的圆形手柄，可以移动渐变中心位置，以改变水平渐变情况，如图2-54左边第二个图所示。

（4）使用鼠标拖动方形手柄，可以改变水平渐变范围，如图2-54左边第三个图所示。

（5）使用鼠标拖动渐变线上的圆形手柄，可以旋转渐变填充，如图2-54右边第一个图所示。

图2-54 调整线型渐变填充样式

调整径向渐变填充样式的方法如下：

（1）选中一个径向渐变填充的图形。

（2）单击绘图工具箱中的"渐变变形工具"，可以看到三个圆形手柄和一个方形手柄，如图 2-55 左边第一个图所示。

图 2-55　调整填充色块渐变圆的参数

（3）使用鼠标拖动圆心处的圆形手柄，可以移动填充色块中心点的位置，如图 2-55 左边第二个图所示。

（4）使用鼠标拖动圆周上的方形手柄，可以调整填充色块的渐变圆的长宽比例，如图 2-55 中间的图所示。

（5）使用鼠标拖动圆周上紧挨着方形手柄的圆形手柄，可以调整填充色块渐变圆的大小，如图 2-55 左边第四个图所示。

（6）使用鼠标拖动圆周最下方的圆形手柄，可以调整填充色块渐变圆的倾斜方向，也可以调整填充色块渐变圆的大小，如图 2-55 右边的图所示。

4. 调整填充的位图

Animate 除了可以进行渐变填充之外，还可以使用位图填充封闭区域。下面通过一个实例说明如何调整填充的位图。

（1）新建一个 ActionScript 3.0 文档。

（2）选择"文件"/"导入"/"导入到库"命令，在弹出的"导入"对话框中选择一个位图文件，导入的位图如图 2-56 左图所示。

图 2-56　导入和填充位图

（3）使用"矩形工具"在舞台中绘制一个圆角矩形，矩形的边角半径为 20，然后选择"窗口"/"颜色"命令，调出"颜色"面板。

（4）在"颜色类型"下拉列表中选择"位图填充"，此时在面板中可以看到导入图像的缩略图。单击该图像，然后在绘图工具箱中选择"颜料桶工具"，再单击要填充的矩形内部，即可看到矩形的填充色块变成了位图图像，如图 2-56 右图所示。

（5）选择绘图工具箱中的"渐变变形工具"，单击填充了位图的矩形。可看到矩形周围出现三个圆形手柄和四个方形手柄，如图 2-57 上排左边第一个图所示。

（6）用鼠标拖动变形框中心的圆形手柄，即可调整位图的位置。效果如图 2-57 上排左边第二个图所示。

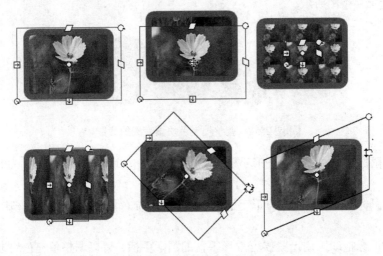

图 2-57　调整填充的位图

（7）用鼠标拖动矩形框左下角的圆形手柄，可以改变图像的大小，而且不影响图像的纵横比例。如果填充的位图缩小到比绘制的矩形小，则使用同一幅位图多次填充矩形，效果如图 2-57 上排左边第三个图所示。

（8）用鼠标拖动矩形框边线上的方形手柄或，可以沿一个方向改变图像的大小。效果如图 2-57 下排左边第一个图所示。

（9）用鼠标拖动矩形框右上角的圆形手柄，可以改变图像的倾斜度，而且不会影响图像的大小。效果如图 2-57 下排左边第二个图所示。

（10）用鼠标拖动矩形边框线上的菱形手柄，可以沿一个方向倾斜，效果如图 2-57 下排左边第三个图所示。

2.1.6　色彩编辑

合理地搭配和应用色彩，是创作成功作品的必要技巧，这就要求用户除了具有一定的色彩鉴赏能力，还要有丰富的色彩编辑经验和技巧。Animate 为用户发挥色彩的创造力提供了强有力的支持，这一节就介绍 Animate 提供的色彩编辑工具。

1. 颜色选择器的类型

Animate 的颜色选择器分为两种类型，一种是进行单色选择的颜色选择器，如图 2-58 所示，提供 252 种颜色。另一种是包含单色和渐变色的颜色选择器，如图 2-59 所示，除了提供 252 种单色，还提供 7 种渐变颜色。

出现这两个窗口之一后，鼠标指针就会变成滴管的形状，此时可以在颜色面板窗口中选择颜色，选取的结果会显示在颜色框内，并且与之对应的 16 进制数值显示在"颜色值"文本框中。如果选择了矩形或是椭圆这一类的填充图形，在颜色面板的右上方会显示一个按钮，单击这个按钮将绘制出无填充颜色的图形。

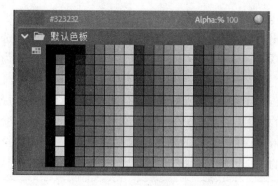
图 2-58　单色颜色选择器

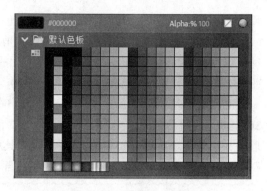
图 2-59　复合颜色选择器

在 Animate 中，除了可以利用颜色选择器为对象选择填充颜色，用户还可以使用绘图工具箱中的"滴管工具"　拾取选定对象的某些属性，再将这些属性赋给其他目标图形。"滴管工具"可以拾取矢量线、矢量色块的属性，还可以拾取导入的位图和文字的属性。使用"滴管工具"的优点是不必重复设置各种属性，只要从已有的各种矢量对象中拾取就可以了。

2. 自定义颜色

单击颜色选择器右上角的色盘　，打开如图 2-60 所示的"颜色选择器"对话框。用户可以根据需要定制喜欢的颜色。定制颜色有如下 3 种方法：

图 2-60　"颜色选择器"对话框

- 在单选按钮后的文本框中输入数值。
- 在　 FFFFFF 文本框中输入 16 进制的颜色值。
- 在左边的色彩选择区域选择一种颜色，然后通过拖动滑块调整色彩的亮度。

2.1.7　3D 转换工具

Animate 2024 提供两个 3D 转换工具——3D 平移工具和 3D 旋转工具。借助这两个工具，用户可以通过在舞台的 3D 空间中移动和旋转影片剪辑来创建 3D 效果。

在 3D 术语中，在 3D 空间中移动一个对象称为"平移"；在 3D 空间中旋转一个对象称为"变形"。若要使对象看起来离观察者更近或更远，可以使用 3D 平移工具沿 Z 轴移动该对象；若要使对象看起来与观察者之间形成某一角度，可以使用 3D 旋转工具绕对象的 Z 轴旋转影片剪辑。通过组合使用这些工具，用户可以创建逼真的透视效果。

将这两种效果中的任意一种应用于影片剪辑后，Animate 会将其视为一个 3D 影片剪辑，选择该影片剪辑时就会显示一个重叠在其上面的彩轴指示符（X 轴为红色、Y 轴为绿色，Z 轴为蓝色）。

3D 平移工具和 3D 旋转工具都允许用户在全局 3D 空间或局部 3D 空间中操作对象。全局 3D 空间即为舞台空间，全局变形和平移与舞台相关。局部 3D 空间即为影片剪辑空间，局部变形和平移与影片剪辑空间相关。3D 平移工具和 3D 旋转工具的默认模式是"全局"，若要切换到"局部"模式，可以单击绘图工具面板底部的"全局转换"按钮。

> **注意**：在为影片剪辑实例添加 3D 变形后，不能在"在当前位置编辑"模式下编辑该实例的父影片剪辑元件。

若要使用 Animate 的 3D 功能，FLA 文件的发布设置必须设置为 Flash Player 10.3 及以上和 ActionScript 3.0。使用 ActionScript 3.0 时，除了影片剪辑，还可以向文本、FLV Playback 组件和按钮等对象应用 3D 属性。

> **注意**：不能对遮罩层上的对象使用 3D 工具，包含 3D 对象的图层也不能用作遮罩层。

1. 3D 平移工具

使用"3D 平移工具" 可以在 3D 空间中移动影片剪辑实例。使用该工具选择影片剪辑后，影片剪辑的 X、Y 和 Z 三个轴将显示在对象中心，如图 2-61 所示。

影片剪辑中间的黑点即为 Z 轴控件。

若要移动 3D 空间中的单个对象，可以执行以下操作：

（1）在绘图工具箱中选择"3D 平移工具"，并在工具箱底部根据需要选择"全局转换"模式。

（2）用"3D 平移工具"单击舞台上的一个影片剪辑实例。

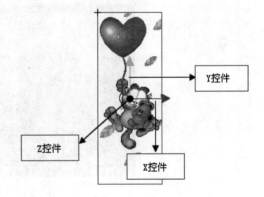

图 2-61　3D 平移控件

（3）将鼠标指针移动到 X、Y 或 Z 轴控件上，此时鼠标指针的形状将发生相应的变化。例如，移到 X 轴上时，指针显示为▶ₓ；移到 Y 轴上时，显示为▶ᵧ；移到 Z 轴上时，显示为▶z。

（4）按控件箭头的方向按下鼠标左键并拖动，即可沿所选轴移动对象。上下拖动 Z 轴控件，可在 Z 轴上移动对象。

沿 X 轴或 Y 轴移动对象时，对象将沿水平方向或垂直方向直线移动，图像大小不变；沿 Z 轴移动对象时，对象大小发生变化，从而使对象看起来离观察者更近或更远。

此外，还可以打开属性面板，在"3D 定位和视图"区域设置 X、Y 或 Z 的值平移对象，如图 2-62 所示。在 Z 轴上移动对象，或修改属性面板上 Z 轴的值时，高度和宽度的值将随之发生变化，表明对象的外观尺寸发生了变化，这些值是只读的。

图 2-62　设置 3D 定位和视图

 注意：如果更改 3D 影片剪辑的 Z 轴位置，该影片剪辑在显示时会改变 X 和 Y 位置。

如果在舞台上选择了多个影片剪辑，按住 Shift 键并双击其中一个选中对象，可将轴控件移动到该对象；通过双击 Z 轴控件，可以将轴控件移动到多个所选对象的中间。

（5）单击属性面板上"透视角度" 右侧的文本框，可以设置 FLA 文件的透视角度。

透视角度属性值的范围为 1°~180°，该属性会影响应用了 3D 平移或旋转的所有影片剪辑。增大透视角度可使 3D 对象看起来更近；减小透视角度属性可使 3D 对象看起来更远。

（6）展开属性面板上"消失点"选项，在 X、Y 右侧文本框中可以设置 FLA 文件的消失点。

消失点是一个文档属性，用于控制舞台上 3D 影片剪辑的 Z 轴方向，会影响应用了 Z 轴平移或旋转的所有影片剪辑。消失点的默认位置是舞台中心，FLA 文件中所有 3D 影片剪辑的 Z 轴都朝着消失点后退。重新定位消失点，可以更改沿 Z 轴平移对象时，对象的移动方向。

若要将消失点移回舞台中心，可单击属性面板上的"重置"按钮。

2. 3D 旋转工具

使用"3D 旋转工具" 可以在 3D 空间中旋转影片剪辑实例。使用该工具选择影片剪辑后，3D 旋转控件显示在选定对象中心。X 控件显示为红色、Y 控件显示为绿色、Z 控件显示为蓝色，自由旋转控件显示为橙色，如图 2-63 所示。

使用橙色的自由旋转控件可同时绕 X 轴和 Y 轴旋转。

若要旋转 3D 空间中的单个对象，可以执行以下操作：

（1）在工具面板中选择"3D 旋转工

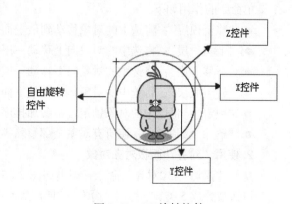

图 2-63　3D 旋转控件

31

具" 🔵，并在工具箱底部选择"全局转换"模式🔲。

（2）单击舞台上的一个影片剪辑实例。

3D 旋转控件将叠加在所选对象之上。如果这些控件出现在其他位置，可双击控件的中心点将其移动到选定的对象。

（3）将鼠标指针移到 X、Y、Z 轴或自由旋转控件上，此时鼠标指针的形状将发生相应的变化。例如，移到 X 轴上时，指针变为▶ₓ；移到 Y 轴上时，显示为▶ᵧ；移到自由旋转控件上时，显示为▶。

（4）拖动一个轴控件以绕该轴旋转，或拖动自由旋转控件（外侧橙色圈）同时绕 X 和 Y 轴旋转。

左右拖动 X 轴控件可绕 X 轴旋转；上下拖动 Y 轴控件可绕 Y 轴旋转；拖动 Z 轴控件进行圆周运动可绕 Z 轴旋转。

若要重新定位旋转控件中心点，则拖动中心点。拖动的同时按住 Shift 键，可以按 45° 增量约束中心点移动。

移动旋转中心点可以控制旋转对影片剪辑及其外观的影响。双击中心点，可将其移回影片剪辑的中心。旋转控件中心点的位置可以在"变形"面板的"3D 中心点"区域查看或修改，如图 2-64 所示。

若要重新定位 3D 旋转控件中心点，可以执行以下操作之一：

● 拖动中心点到所需位置。

● 按住 Shift 键双击影片剪辑，可以将中心点移动到选定的影片剪辑中心。

● 双击中心点，将中心点移动到选中影片剪辑组的中心。

（5）调整透视角度和消失点的位置。

2.1.8 调整对象的位置

在舞台中创建大量的对象后，经常需要调整它们的位置，按一定的次序摆放，或以某种方式对齐，调整它们之间的距离。同一层中有不同的对象相互叠放在一起时，也需要调整它们的前后顺序。

1. 使用菜单命令调整对象的前后顺序

执行"修改"/"排列"命令，弹出排列子菜单。使用该菜单可以调整对象的前后顺序。各个菜单命令的作用如下：

● "移至顶层"：将选中的对象移动到最上面一层。

● "上移一层"：将选中的对象向上移动一层。

● "下移一层"：将选中的对象向下移动一层。

● "移至底层"：将选中的对象移动到最下面一层。

● "锁定"：将选中的对象锁定，不参加排序，同时也不可以进行任何其他编辑。

● "解除全部锁定"：使所有对象全部解除锁定。

2. 使用"对齐"面板对齐对象

执行"窗口"/"对齐"命令，调出如图 2-65 所示的"对齐"面板。该面板中有许多按钮，这些按钮被分成 5 类："对齐""分布""匹配大小""间隔"以及"与舞台对齐"。任何时刻，每类按钮最多只有一个按钮处于按下状态。

各类图标按钮的作用如下：

- "对齐"：在水平方向上可以选择"左对齐" ▣、"水平中齐" ▣和"右对齐" ▣；垂直方向上可以选择"顶对齐" ▣、"垂直中齐" ▣和"底对齐" ▣。
- "分布"：在水平方向上（左边的 3 个图标按钮）或垂直方向上（右边的 3 个图标按钮）以中心或边界为准的对齐分布。

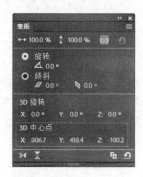

图 2-64　设置 3D 中心点

图 2-65　"对齐"面板

- "匹配大小"：使选择的对象高度相等、宽度相等或高度和宽度都相等。
- "间隔"：在水平方向或垂直方向等间距分布对齐。
- "与舞台对齐"：以整个舞台为标准进行对齐。

2.1.9　舞台控制

使用 Animate 创建动画时，常常需要调整舞台中对象的显示方式。例如，浏览的对象太小时，就需要放大显示；浏览对象的大小超过舞台尺寸时，就需要使用"手形工具"或缩小显示；要查看整个舞台对象，就需要调整显示比例等。

1. 手形工具

当编辑的对象超出舞台显示区域时，可以使用视图右侧和下方的滚动条，把需要编辑的部分移动到舞台中，还有一种方便的方法，就是使用"手形工具"。

单击绘图工具箱中的"手形工具" ✋，然后将鼠标指针移动到舞台，可以看到鼠标指针变成了手形✋，按下鼠标左键并拖动，整个舞台的工作区将随着鼠标的拖动而移动。

2. 缩放工具

使用"缩放工具" 🔍可以放大或缩小舞台工作区内的图像。选择"缩放工具"后，在绘图工具箱底部会显示"缩放工具"的两个选项，🔍表示放大，🔍表示缩小。

缩放对象时，在需要缩放的区域单击即可。需要注意的是，缩放时，整个舞台上的对象同步缩放。

3. 显示比例列表框

显示比例列表框 100% ✓位于编辑栏的右上角，用于精确地放大或缩小对象，放大或缩小的范围是 4% ~ 2000%。

此外，它还有"符合窗口大小""显示帧"和"显示全部"3 个选项。"符合窗口大小"选项是将舞台刚好完全显示在工作区窗口；"显示帧"选项是当舞台中的对象超出显示区而无法看清全貌时，将舞台恢复到中间位置。"显示全部"选项是以舞台的大小为标准，将舞台中所有的对象以等比例最大限度地放大或最小限度地缩小，以看清全貌。

2.2 文本的使用

一个 FLA 文档通常会包含几种不同的文本类型，每种类型适用于特定的文字内容。Animate 可以按多种方式在文档中添加文本。

2.2.1 文本类型

在 Animate 2024 中，文本类型可分为静态文本、动态文本、输入文本三种。静态文本在动画播放过程中，文本区域的文本不可编辑和改变；动态文本就是可编辑的文本，在动画播放过程中，文本区域的文本内容可通过事件的激发来改变；输入文本在动画播放过程中，可供用户输入文本，产生交互。

三种文本类型的切换与设置均可通过属性设置面板中的列表选项来完成。

本节简要介绍一下文本的三种类型，以及常用的一些文本属性。

1. 静态文本

单击绘图工具箱中的"文本工具"按钮 T，调出对应的属性设置面板，在"文本类型"下拉列表框中选择"静态文本"选项。此时，属性设置面板如图 2-66 所示。

图 2-66　"静态文本"的属性设置面板

- 单击"文本类型"右侧的"改变文本方向"按钮 ，可以改变文本的方向，有三种方式：水平、垂直、垂直（从左向右）。
- 单击"字母间距"右侧的文本显示区域，输入数值或滚动鼠标滑轮，可调整字符间距。
- 选中"可选"图标 ，表示在播放输出的动画文件时，可以用鼠标拖动选中文本，并可以进行复制和粘贴。如果取消选择，则播放输出的动画文件时，不能用鼠标选中这些文本。
- 利用 按钮组，可以设置文本的垂直偏移方式。 表示将文本向上移动，变成上标； 表示将文本向下移动，变成下标。
- 消除锯齿：指定字体的消除锯齿属性。有以下几项可供选择：
  - "使用设备字体"：指定 SWF 文件使用本地计算机上安装的字体显示字体。使用设备字体时，应只选择通常都安装的字体系列，否则可能不能正常显示。
  - "位图文本（无消除锯齿）"：关闭消除锯齿功能，不对文本进行平滑处理。
  - "动画消除锯齿"：创建较平滑的动画。
  - "可读性消除锯齿"：使用这种消除锯齿引擎，可以创建高清晰的字体，即使在字体较小时也是这样。但是，它的动画效果较差，并可能导致性能问题。

> "自定义消除锯齿"：选中该项将弹出"自定义消除锯齿"对话框，用户可根据需要设置粗细、清晰度以及 ActionScript 参数。

● 如果字体包括内置的紧缩信息，勾选"自动调整字距"选项可自动紧缩。

2. 动态文本

利用动态文本，可以在舞台上创建可随时更新的信息，它提供了一种实时跟踪和显示文本的方法。

创建"动态文本"时，可以指定动态文本的实例名称，通过程序引用该名称，可以动态地改变文本框显示的内容。在播放动画文件时，其文本内容可通过事件的激发来改变。

单击"嵌入"按钮，可以设置动态文本中只能是哪些字符，或不能出现哪些字符。

为了与静态文本相区别，动态文本的控制手柄出现在右下角，分为圆形手柄和方形手柄两种。圆形手柄以单行的形式显示文本，方形手柄以多行形式显示文本，双击方形控制手柄，可以切换到圆形控制手柄。

3. 输入文本

输入文本与动态文本用法一样，但是它可以作为一个输入文本框使用。在播放动画时，通过在输入文本框中输入文本，实现用户与动画的交互。

如果在输入文本的属性设置面板中选中"将文本呈现为 HTML"图标按钮 <>，表示用适当的 HTML 标签保留富文本格式，如字体和超链接。

如果选中"在文本周围显示边框"图标按钮 ，则显示文本区域的边界以及背景。否则，在动画播放过程中，文本区域的边框以及文本区域的背景不可见。

"段落"区域的"行为"下拉列表用于设置文本的显示方式，有 4 个列表选项："单行""多行""多行不换行"以及"密码"。其中，"密码"表示输入的信息以星号显示。

选中舞台上的输入文本，展开属性面板上的"选项"部分，可以设置可输入的最大字符数，如图 2-67 所示。

图 2-67　输入文本的选项参数

2.2.2　文本属性

1. 设置字体与字号

字体与字号是文本属性中最基本的两个属性，在 Animate 中，用户可以通过菜单命令或属性面板进行设置。

单击绘图工具箱中的文本工具按钮 T，调出属性面板，在"字符"选项中打开"字体"下拉列表框。在该下拉列表框中可以预览并选择字体。

选择"文本"/"大小"命令，弹出字号列表。用户可以从中选择一种字号。也可以调出"文本工具"的属性设置面板，在"大小"区域按下鼠标左键并拖动设置字号的大小，范围是 8 ~ 96 之间的任意一个整数。当然，用户还可以单击字号，然后输入需要的字号，范围是 0 ~ 2500

之间的任意一个整数。

2. 设置文本的颜色及样式

在属性设置面板中，单击"颜色"色块可以打开颜色选择器，为当前选择的文本设置颜色。

执行"文本"/"样式"命令，在弹出的子菜单中可以设置文本的样式。

3. 文本超链接

选择"动态文本"文本类型，属性面板如图 2-68 所示。

图 2-68　设置动态文本选项

"选项"部分包含以下属性：

● 链接：使用此字段创建文本超级链接。在文本框中输入单击字符时要加载的 URL。

● 目标：输入链接 URL 后可用，用于指定 URL 打开的方式。有关属性值的说明可参阅网页制作相关资料。

2.2.3　键入文本

设置了文本工具的属性后，就可以输入文字了。步骤如下：

（1）单击绘图工具箱中的"文本工具" ，并打开对应的属性面板。

（2）在属性面板的"文本类型"下拉列表中选择需要的文本类型。

（3）单击"改变文本方向"图标按钮 ，从弹出的下拉列表中选择一种文本方向。

在 Animate 中输入文本有两种方式。第一种是单击，在出现的文本框中键入文本；第二种是在舞台上按下鼠标左键拖出一个文本框，然后键入文本。

（4）在舞台上单击，此时舞台上出现一个文本框，该文本框为可变宽度文本框。用户可以在文本框内输入文字，如图 2-69 和图 2-70 所示。

细心的读者可能会发现，选择的文本类型不同，在舞台上单击后显示的文本框也不同。静态文本的文本框右上角显示有一个小圆圈，当输入的文本宽度超出文本框宽度时，文本框会自动扩展，以显示全部字符。动态文本和输入文本的文本框右下角显示有一个小方框，当输入的文本宽度超出文本框宽度时，文本将自动换行。

文本输入完毕，在舞台上的空白区域单击，或单击工具箱中的其他工具。输入的文本效果如图 2-71 所示。

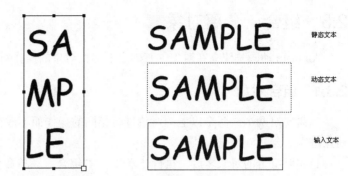

図 2-69　输入静态文本　　　図 2-70　输入动态文本和输入文本　　　図 2-71　文本效果

从图 2-71 可以看到，默认情况下，动态文本和输入文本周围显示一个点线框，如果选中了"在文本周围显示边框"图标按钮，则在文本周围显示一个实心线框。

如果在第（4）步不是单击，而是按下鼠标左键拖出一个文本框，则文本框为固定宽度，文本框右上角（或右下角）显示为小方框。

> 提示：双击文本框顶点上的方框或圆圈，即可在固定宽度文本框和可变宽度文本框之间进行切换。

除了可以直接键入文本，Animate 还支持复制其他应用程序中的文字，并粘贴到舞台上。

2.2.4　编辑文本

在 Animate 中编辑文本的方法与其他软件类似，可以通过"复制""剪切""粘贴""删除"等命令对文本进行各种操作。这里不再一一叙述。

2.2.5　段落属性

文本的段落属性包括对齐方式和边界间距。下面对这两项内容分别进行简要介绍。

执行"文本"/"对齐"命令，在弹出的子菜单中可以设置段落的对齐方式。还可以通过"文本工具"属性设置面板中的四个对齐方式的按钮对齐文本，如图 2-72 所示。从左到右依次表示左对齐、居中对齐、右对齐、两端对齐。

図 2-72　设置对齐方式

"缩进"指文本距离文本框或文本区域左边缘的距离，当数值为正时，表示文本在文本框或文本区域左边缘的右边，当数值为负时，表示文本在文本框或文本区域左边缘的左边。

"行距"指两行文本之间的距离，当数值为正时，表示两行文本处于相离状态，当数值为负时，表示两行文本处于相交状态。

边距指文本内容距离文本框或文本区域边缘的距离。"左边距"就是文本内容距离文本框或文本区域左边缘的距离；"右边距" 就是文本内容距离文本框或文本区域右边缘的距离。

2.3 组合、分离对象

Animate 动画是建立在对象的基础之上的，对象的操作对于动画创作至关重要。

2.3.1 组合对象

如果要对两个或两个以上的对象进行相同的操作而不改变两者之间的位置关系时，可以将对象进行组合。

选中要组合的对象之后，执行"修改"/"组合"菜单命令，可以将选中的所有对象组合为一个整体。

如果需要对组合中的对象分别进行操作，可以执行"修改"/"取消组合"命令将组合打散，分解为多个单一的对象。

2.3.2 分离对象

由于 Animate 可以操作的对象是矢量图形，所以对于文本和位图等不能直接操作的对象，就需要用打散功能使其成为可编辑的元素。

选中要打散的对象后，执行"修改"/"分离"命令，可以将选中的对象分离为形状。

2.4 本章小结

本章全面、细致地介绍了如何使用绘图工具箱中的绘图工具创建各种矢量图形，详细讲解了如何使用各种编辑工具对矢量图形进行编辑，同时也介绍了如何编辑色彩。本章还介绍了输入并设置文本属性的方法和技巧、3 种文本类型的区别和应用情况。掌握这些工具的使用方法是使用 Animate 的基础。希望读者仔细阅读本章介绍的内容，并上机操作，多加练习。

2.5 思考与练习

1. 填空题

（1）Animate 2024 提供了_____、_____、_____三种铅笔模式。

（2）选取不规则区域时，可以选择_____、_____和_____3 种选择工具。

（3）"橡皮擦工具"主要用来擦除舞台上的对象，选择绘图工具箱中的"橡皮擦工具"后，会在工具箱底部出现三个选项，它们分别是_____、_____、_____。

（4）在 Animate 2024 中，可以使用"滴管工具"拾取选定对象的某些属性，再将这些属性赋给其他图形，"滴管工具"可以吸取_____和_____的属性。

（5）字体与字号是文本属性中最基本的两个属性，在 Animate 2024 中，用户可以通过_____或_____来进行设置。

（6）在 Animate 2024 中，文本类型可分为_____、_____、_____三种。

2. 问答题

（1）铅笔工具的三种模式的区别是什么？

（2）如何用"椭圆工具"绘制标准的圆形？

（3）如何用"矩形工具"绘制标准的正方形？

（4）如果要对舞台上的所有对象进行统一的缩放操作，应该怎么实现？

3. 操作题

（1）使用"铅笔工具"绘制不同的线条（包括不同的颜色、大小以及线型），并用"铅笔工具"写出"HELLO FLASH"，效果如图 2-73 所示。

图 2-73　习题效果图

（2）使用"椭圆工具"绘制一个没有边线的正圆和一个有边线的椭圆。效果如图 2-74 所示。

图 2-74　习题效果图

（3）使用"钢笔工具"绘制出一个菱形和一个五角星形。效果如图 2-75 所示。

图 2-75　习题效果图

（4）导入一幅位图图像，然后将该图像作为填充图案填充操作题（2）中绘制的椭圆。

（5）使用"橡皮擦工具"将操作题（1）中绘制的对象全部擦除。

（6）使用"矩形工具"绘制三个大小不同的矩形，然后将它们调整到顶端对齐、大小一样以及它们之间的间距相等。

第 3 章　元件和实例

本章导读

　　在 Animate 中，元件是可以重复使用的图像、按钮或影片剪辑；实例则是元件在舞台上的具体体现。使用元件可以大大缩减文件的大小，加快影片的播放速度，还可以使编辑影片更加简单化。

📖 元件和实例的概念

📖 创建元件

📖 编辑元件

Animate 2024 中文版标准实例教程

3.1　元件和实例的概念

元件是 Animate 动画中最基本的演员。元件制作出来之后，放于"库"中。准确地说，元件就是尚在幕后，还没有走到舞台上的"演员"。元件一旦走上舞台，就称为"实例"!

元件有图形、影片剪辑、按钮 3 种类型。创建的元件放在"库"面板中。使用的时候，直接拖到工作区就可以了，十分方便。那么 3 种元件有什么区别呢?

图形元件通常作为一个基本图形使用，一般是静止的一幅画，或是一张图。

影片剪辑是一小段动画，一般用在要一直运动的物体，比如夜空闪闪发光的小星星，一个不停旋转的图标，一行不断跳跃的文字，使用的时候拖到工作区就可以了。影片剪辑还可以包含其他影片剪辑。

按钮元件比较特殊，原因在于按钮性质比较特殊。按钮主要用于交互：当鼠标移向一个按钮时，按钮会有一些不同的变化；当单击按钮时，按钮可以发布一个命令，从而控制动画的播放。因此按钮可以控制动画，比如停止（stop）、播放（play）等，按钮的颜色也可以随着鼠标的动作而改变。

3.2　创建元件

制作动画，特别是制作网页上的动画时，一定要使文件的体积尽可能地小，这样下载的速度将会缩短。因此，应将动画中重复的对象制作成一个元件，便于重复利用。

下面通过一个简单实例演示元件的创建方法，操作步骤如下：

（1）选择"插入"/"新建元件"命令，或按快捷键 Ctrl+F8。

（2）在弹出的"创建新元件"对话框中输入元件名称，设置元件类型为"按钮"，单击"确定"按钮，即可打开一个工作场景，也就是元件编辑场景。

（3）在时间轴面板中选中"弹起"帧，使用"矩形工具"绘制一个矩形，边角半径为 20，无笔触填充，内部填充色为绿黑径向渐变。

（4）新建一个图层，选择"文本工具"，在属性面板上设置字体为 Times New Roman、颜色为白色、大小为 40、输入"GO"，此时的效果如图 3-1 所示。

（5）单击"指针经过"帧，单击鼠标右键，在弹出的快捷菜单中选择"插入关键帧"命令。选中矩形，在属性面板中将填充颜色修改为红黑径向渐变。

（6）单击"按下"帧，单击鼠标右键，在弹出的快捷菜单中选择"插入关键帧"命令。同样的方法，在文本层的"按下"帧插入一个关键帧，选中文本，在属性面板中将填充颜色修改为黄色。

（7）选中两个图层的"点击"帧，单击鼠标右键，在弹出的快捷菜单中选择"插入帧"命令。

（8）按钮元件创建完成。从"库"面板中将制作的按钮元件拖放到舞台上，执行"控制"/"启用简单按钮"菜单命令，即可预览按钮效果。效果如图 3-2 和图 3-3 所示。

此外，在 Animate 中，可以将舞台上的一个或多个元素转换为元件。步骤如下：

（1）选择舞台上要转化为元件的对象。这些对象包括形状、文本甚至其他元件。

（2）选择"修改"/"转化为元件"菜单命令，弹出"转换为元件"对话框。

图 3-1　按钮弹起状态　　　　图 3-2　鼠标经过状态　　　　图 3-3　按下和点击状态

（3）为新元件指定名称和类型，以及保存路径。

（4）如果需要修改元件注册点位置，单击"转换为元件"对话框中"对齐"图标███上的小方块，如图 3-4 所示。默认以元件的左上角为注册点。

图 3-4　设置元件的注册点

（5）选择"窗口"/"库"命令，此时，在打开的"库"面板中可以看到新创建的元件。

3.3　编辑元件

在 Animate 中，用户可以在多种不同的环境下编辑元件。在此之前，先向读者介绍如何对元件进行复制。

复制某个元件可以将现有的元件作为创建新元件的起点，然后根据需要进行修改。若要复制元件，可以使用以下两种方法之一：

1. 使用"库"面板复制元件

（1）在"库"面板中选择要复制的元件。

（2）单击"库"面板右上角的选项按钮▤，在弹出的库选项菜单中选择"直接复制…"命令，弹出"直接复制元件"对话框。

（3）在对话框中输入元件副本的名称，并指定元件类型，然后单击"确定"按钮。

2. 通过选择实例来复制元件

（1）在舞台上选择要复制的元件的一个实例。

（2）执行"修改"/"元件"/"直接复制元件"菜单命令。

（3）在弹出的"直接复制元件"对话框中输入元件名称，单击"确定"按钮，即可复制指定的元件，并保存在"库"面板中。

这种方法不能修改元件的类型。

编辑元件的方法有很多种，下面介绍几种编辑元件常用的方法。

● 使用元件编辑模式编辑

在舞台上选择需要编辑的元件实例，然后单击鼠标右键，在弹出的快捷菜单中选择"编辑元件"命令，即可进入元件编辑窗口。此时正在编辑的元件名称会显示在舞台上方的编辑栏中，如图 3-5 所示。

● 在当前位置编辑

在需要编辑的元件实例上单击鼠标右键，在弹出的快捷菜单中选择"在当前位置编辑"命令，即可进入该编辑模式。此时，只有鼠标右击的实例对应的元件可以编辑。尽管其他对象仍然显示在舞台上，但它们都以半透明显示，以供参考，不可编辑，如图 3-6 所示。

图 3-5　元件编辑模式　　　　　　　　　图 3-6　当前位置编辑模式

● 在新窗口中编辑

在需要编辑的元件实例上单击鼠标右键，在弹出的菜单中选择"在新窗口中编辑"命令，即可进入该编辑模式。此时，元件被放置在一个单独的窗口中，可以同时看到该元件和主时间轴，正在编辑的元件名称显示在舞台上方的编辑栏中。编辑完成后，单击新窗口名称处的  按钮，即可关闭该窗口，并返回主舞台。

3.4　创建与编辑实例

元件创建完成之后，就可以在影片中任何需要的地方，包括在其他元件内，创建该元件的实例。还可以根据需要，对创建的实例进行修改，得到元件的更多效果。

3.4.1　创建实例

将库中的元件拖放至舞台，即可创建实例。具体步骤如下：

（1）在时间轴上选择一帧，用于放置实例。

（2）选择"窗口"/"库"命令，打开"库"面板。

（3）在显示的库项目列表中，选中要使用的元件，按下鼠标左键并拖动至舞台。即可在舞台上创建此元件的一个实例。

3.4.2　编辑实例

1. 改变实例类型

创建一个实例后，可以在实例的属性面板中根据创作需要改变实例的类型。例如，如果一个图形实例包含独立于主影片的时间轴播放的动画，则可以将该图形实例重新定义为影片剪辑实例。

若要改变实例的类型，可以进行如下操作：

（1）在舞台上选中要改变类型的实例。

（2）在实例属性面板上的"实例行为"下拉列表中选择需要的类型。

2. 改变实例的颜色和透明度

除了可以改变实例的大小、类型，用户还可以更改实例颜色及透明度。步骤如下：

（1）单击舞台上的一个实例，打开对应的实例属性面板。

（2）在"色彩效果"区域单击"颜色样式"按钮弹出下拉菜单，从图 3-7 所示的选项中选择需要的样式。

图 3-7 "颜色样式"下拉列表

- 无：这将使实例按其原来方式显示，即不产生任何颜色和透明度效果。
- 亮度：调整实例的总体灰度。设置为 100% 时实例变为白色，设置为 -100% 时实例变为黑色。
- 色调：使用色调为实例着色。此时可以使用滑块设置色调的百分比。如果需要使用颜色，可以在文本框中输入红、绿、蓝的值来调制一种颜色。
- 高级：使用该选项可以分别调节实例的红、绿、蓝值，以及 Alpha 百分比和 Alpha 偏移值。
- Alpha：调整实例的透明度。设置为 0% 时实例全透明，100% 完全不透明。

> **注意：** 色彩效果只在元件实例中可用。不能对其他 Animate 对象（如文本、导入的位图）进行这些操作，除非将这些对象转变为元件，将一个实例拖动到舞台上进行编辑。

3. 设置图形实例的动画

在如图 3-8 所示的图形实例的属性面板中，用户可以设置图形实例的动画效果。

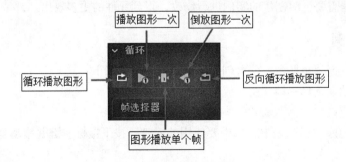

图 3-8 设置实例动画效果

- 循环播放图形：使实例循环重复。当主时间轴停止时，实例也停止播放。
- 播放图形一次：使实例从指定的帧开始播放，播放一次后停止。
- 图形播放单个帧：只显示图形元件的单个帧，此时需要指定显示的帧编号。
- 倒放图形一次：使实例从主时间轴上指定的帧开始播放，只不过是从最后一帧往前播放，播放一次。

● 反向循环播放图形：使实例循环重复，只不过是从最后一帧往前播放，但主时间轴停止时，实例也将停止播放。

3.5　库

Animate 项目可包含成百上千个数据项，其中包括元件、声音、位图及视频。若没有"库"面板，管理这些数据项将是一项令人望而生畏的工作。对 Animate 库中的数据项进行操作的方法与在硬盘上操作文件的方法相同。

选择"窗口"/"库"命令，即可显示"库"面板。"库"面板由以下几个区域组成，如图 3-9 所示。

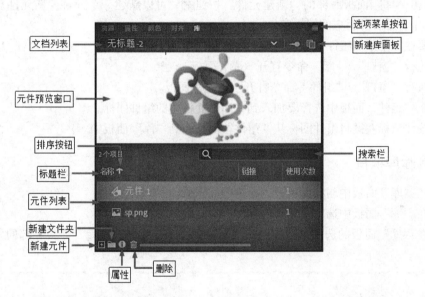

图 3-9　"库"面板

● 选项菜单按钮▤：单击该按钮打开库选项菜单，其中包括使用库中的项目所需的所有命令。
● 文档列表：显示所有当前打开的动画文件的名称。

Animate 的"库"面板允许用户同时查看多个动画文件的库项目。使用文档列表下拉列表框可以在打开的多个动画文件的"库"面板之间进行切换。

● 元件预览窗口：此窗口可以预览当前选中的库项目的外观。
● 排序按钮：使用此按钮可以对项目按指定项目进行升序或降序排列。
● 标题栏：描述元件信息的内容，包括项目名称、类型、使用次数等。
● 新建元件▦：在"库"面板中创建新元件，与"插入"/"新建元件"命令的作用相同。
● 新建文件夹▦：使用此按钮在库目录中创建一个新文件夹。
● 属性▦：单击此按钮打开"元件属性"对话框，可以更改选定项的设置。
● 删除▥：单击该按钮可以删除当前"库"面板中选定的元件或库项目。

● 搜索栏按钮 Q ：利用该功能，用户可以快速地在"库"面板中查找需要的库项目。不仅可通过元件名称搜索元件，还可以通过链接名称搜索元件。

利用"库"面板可以很轻松地执行很多任务，下面看看"库"面板的一些主要功能。

3.5.1 创建项目

可以在"库"面板中直接创建的项目包括新元件、空白元件及新文件夹。

● 单击"库"面板下方的"新建文件夹"按钮 ，可以新建一个文件夹。新文件夹添加至库目录结构的根部，它不存在任何文件夹中。

Animate 2024 "库"面板拥有强大的文件管理功能，将动画 GIF 导入到库中时，将自动创建一个具有 GIF 文件名的文件夹，放置所有相关联的位图，且自动根据顺序对这些位图进行适当命名，便于组织管理导入的资源。

● 单击"库"面板底部的"新建元件"按钮 ，可以新建一个元件。新元件自动添加至库中，并打开对应的编辑窗口。

如果要在库中添加组件，可执行如下操作：

（1）执行"窗口"/"库"命令打开"库"面板。

（2）执行"窗口"/"组件"命令打开"组件"面板。

（3）在"组件"面板中选择要加入到"库"面板中的组件图标。

（4）按住鼠标左键将组件图标从"组件"面板拖到"库"面板中。

3.5.2 删除库项目

若要在"库"面板中删除库项目，可执行如下操作：

（1）在"库"面板中选定要删除的项目。选定的项目将突出显示。

（2）在"库"面板的选项菜单中选择"删除"命令，或单击"库"面板底部的"删除"按钮 。

 提示：按住 Ctrl 键或 Shift 键单击，可以选中"库"面板中的多个库项目。

在制作动画的过程中，往往会增加许多始终没有用到的组件。作品完成时，应将这些没有用到的组件删除，以免原始的动画文件过大。

要找到始终没用到的组件，可采取以下方法之一：

（1）单击"库"面板右上角的选项菜单按钮 ，在弹出的快捷菜单中选择"选择未用项目"选项。

（2）在"库"面板中，用"使用次数"栏目排序，所有使用次数为 0 的元件，都是在作品中没用到的。一旦选定了它们，便可以同时进行删除。

3.5.3 在"库"面板中使用元件

在"库"面板中，可以快速浏览或改变元件的属性或行为，编辑其内容和时间轴。

若要在"库"面板中查看元件属性，可执行如下操作：

（1）在"库"面板中选中元件。

（2）在"库"面板的选项菜单中选择"属性"命令，或单击"库"面板底部的"属性"按钮。

若要从"库"面板进入元件的编辑模式，可以执行如下操作：

（1）在"库"面板中选定元件，选中的元件突出显示。

（2）在"库"面板的选项菜单中选择"编辑"命令，或者双击库中的元件图标。

若要对库中的项目进行排序，可执行如下操作：

（1）单击其中某一栏标题，对库项目按此标题进行排序。

（2）单击排序按钮切换排序方式。

> **注意：** 在排序时每个文件夹独立排序，它不参与项目的排序。

3.5.4 定义共享库

共享库资源允许在某个 FLA 文件中使用来自其他 FLA 文件的资源。例如，多个 FLA 文件可以使用同一图稿或其他资源，设计人员和开发人员能够在单独的 FLA 文件中为一个联合项目编辑图稿和 ActionScript 代码。

对于运行时共享库资源，源文档的资源以外部文件的形式链接到目标文档中，在文档播放期间（即在运行时）加载到目标文档中。

定义共享库的操作方法如下：

（1）打开一个需要定义成共享库的动画，执行"窗口"/"库"命令，打开"库"面板。

（2）在"库"面板中选择一个要共享的元件，单击右上角的选项菜单按钮，在弹出的快捷菜单中选择"属性"选项。

（3）在弹出的"元件属性"对话框中单击"高级"折叠按钮，然后在如图 3-10 所示的对话框中的"运行时共享库"部分选中"为运行时共享导出"单选框，最后在"URL"文本框中指定库的链接地址。

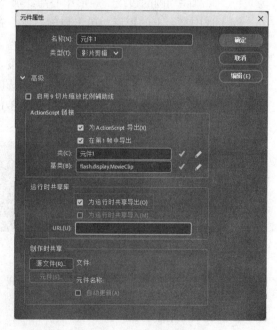

图 3-10 "元件属性"对话框

> **提示：** 在创作目标文档时，包含共享资源的源文档并不需要在本地网络上。为了让共享资源在运行时可供目标文档使用，源文档必须发布到 URL 上。

Animate 2024 支持在创作时共享库资源。在创建时共享资源可以避免在多个 FLA 文件中使用资源的多余副本。例如，如果为 Web 浏览器、iOS 和 Android 分别开发一个 FLA 文件，则可以在这 3 个文件之间共享资源。在一个 FLA 文件中编辑共享资源时，更改将自动反映到使用该资源的其他 FLA 文件中。

3.6　精彩实例

本节将向读者介绍雪花飞舞的制作方法，内容包括雪花图形元件的创作，通过创建关键帧制作飘落动画，然后将各个元件组合成下雪的场景，最后把这些元件合理地布置在舞台上，制作了一个雪花纷纷扬扬下落的场景。通过本节的学习，读者可以掌握使用"矩形工具"制作雪花的方法，掌握"变形"面板调整对象的方法，以及"任意变形工具"的使用方法。

3.6.1　制作雪花元件

（1）新建一个 ActionScript 3.0 文档，并将背景色设置为黑色。

（2）执行"插入"/"新建元件"命令，在弹出的对话框中将元件命名为"snow1"，类型为"图形元件"。

（3）选择绘图工具箱中的"矩形工具"，在舞台上绘制一个长条状的矩形，设置填充颜色为灰色，并删除周围的边线，矩形中心与注册点对齐，如图 3-11 所示。

（4）选中舞台上的矩形，单击鼠标右键，在弹出的快捷菜单中选择"复制"命令，将其复制并粘贴。

（5）选择"窗口"/"变形"命令打开"变形"面板，将复制得到的矩形旋转 60°。

（6）单击"变形"面板右下角的"重制选区和变形"按钮 ，复制出一个矩形，这时它旋转了 120°。把 3 个矩形叠放起来，效果如图 3-12 所示。

图 3-11　建立矩形　　　　　　　　　　　　图 3-12　创建雪花

（7）单击"返回场景"按钮←返回主场景。

3.6.2　制作飘落动画

（1）执行"插入"/"新建元件"命令，在弹出的对话框中将元件命名为"snowmove1"，指定类型为"影片剪辑"。

（2）打开"库"面板，将 snow1 拖入元件 snowmove1 的编辑窗口中。

（3）选中第 30 帧，按 F6 键，在第 30 帧创建一个关键帧。

（4）选中第 1 帧，单击鼠标右键，在弹出的快捷菜单中选择"创建传统补间"命令。

创建补间之后，可以看到时间轴上第 1 帧～第 30 帧显示为淡紫色，并且出现箭头，表明已经成功创建传统补间动画。

（5）选中第 1 帧，拖动雪花实例，使其中心点与场景中的十字对齐，如图 3-13 所示。

图 3-13　调整雪花位置

（6）选中第 30 帧，将雪花实例拖动到舞台底部。然后单击"返回场景"按钮 ← 返回主场景。

（7）按照第（1）步～第（6）步的方法制作两个影片剪辑 snowmove2，snowmove3，通过调整两个关键帧之间的距离，使雪花的下落速度不同；调整雪花在两个关键帧中的位置，使雪花飘落的轨迹各不相同。这样制作出来的雪景才更贴近真实情况。

3.6.3　将元件组合成场景

（1）返回主场景，打开"库"面板，把 snowmove1、snowmove2、snowmove3 从"库"面板拖至场景的第 1 帧。

（2）拖入多个雪花飘舞的实例，调整雪花的大小。距离较近的雪花看起来比较大，而远处的雪花看起来比较小，这样可以使雪景更加真实。把雪花实例随意地摆放，使它们有高有低，错落有致，效果如图 3-14 所示。

图 3-14　随意摆放的雪花

（3）选中第 35 帧，按 F5 键插入一个帧，这样动画的第一层就完成了。

3.6.4　制作分批下落的效果

（1）新建一个图层，在图层 2 的第 7 帧按 F7 键插入一个空白关键帧。

（2）选中图层 2 的第 7 帧，在"库"面板中拖入几个 snowmove 的实例，并且调整大小和形状。这样，新拖入的雪花在第 7 帧开始播放，实现雪花分批降落的效果。

（3）按照同样的方法，再新建几个图层，并在不同的帧引入雪花。

（4）执行"控制"/"测试影片"命令，就可以看到制作的雪景了。如图 3-15 所示。

图 3-15　雪花效果

3.7　本章小结

　　本章主要介绍了元件与实例的区别和联系，以及它们的运用。本章的实例用到了创建图形元件和影片剪辑元件，添加关键帧与空白帧，绘制基本图形等知识点，以及"变形"面板、"库"面板的使用。希望读者认真练习每一个实例，尽可能掌握本章知识点。在熟练掌握了基本元件运用的基础上，同时有了一定的关于元件绘制的基础，相信读者能够很快制作出更加美妙的动画。

3.8　思考与练习

　　1. 在时间轴上加入空白帧有什么作用？

　　2. "变形"面板能够对对象进行哪些调整？

　　3. 如何通过帧的操作来改变雪花下落的速度？

第4章 图层和帧

本章导读

　　本章将向读者介绍图层和帧的基本概念和操作，内容包括图层的模式、创建、复制和删除图层，改变图层顺序以及设置图层属性，引导图层与遮罩图层的使用方法；帧的种类、作用和区别，插入、复制、粘贴和删除帧等常用的帧操作。

   学 习 要 点

- 图层的基本概念
- 图层的操作
- 引导图层
- 关键帧、空白关键帧和普通帧
- 复制、粘贴帧

Animate 2024 中文版标准实例教程

4.1 图层的基本概念

许多图形软件都使用图层处理复杂绘图和增加深度感。在 Animate 中，使用图层可以组织对象，将对象层叠在一起形成动画。在处理复杂场景及动画时，层的作用尤为重要。通过将不同的元素放置在不同的层上，很容易做到用不同的方式对动画进行定位、分离、重排序等操作。

时间轴窗口的左侧部分是图层面板。在 Animate 中，图层可分为普通图层、引导图层和遮罩图层。引导图层又分为普通引导图层和运动引导图层。使用引导图层和遮罩图层的特性，可以制作出一些复杂的效果。

普通图层和引导图层关联后，就称为被引导图层；普通图层与遮罩图层关联后，就称为被遮罩图层。

图层有以下四种模式：

● 当前图层模式：在任何时候，只能有一图层处于这种模式。这一图层就是用户当前操作的层。用户绘制的任何一个新的对象，或导入的任何对象都将放在这一图层上。无论何时建立一个新的图层，该模式都是它的初始模式。单击图层名称栏的适当位置，即可将选中的图层指定为当前图层，且突出显示，如图 4-1 所示的"图层_1"。

● 隐藏模式：如果要集中处理舞台上的某一部分，隐藏一图层或多图层中的某些内容很有用。当图层的名称栏上固定显示一个 ◎ 图标，且高亮显示时，表示当前图层为隐藏模式，如图 4-1 所示的"图层_2"。

● 锁定模式：图层被锁定时，用户可以看见该图层上的元素，但是无法对其进行编辑。当图层的名称栏上固定显示一个锁图标 🔒 ，且高亮显示时，表示当前图层被锁定，如图 4-1 所示的"图层_3"。

● 轮廓模式：如果图层处于这种模式，将只显示其内容的轮廓。当图层的名称栏上显示彩色方框，而不是实心方块时，表示该图层处于轮廓模式，如图 4-1 所示的"图层_4"。再次单击该彩色方框，可以使图标又变为实心方块，该图层中的对象以实体显示。

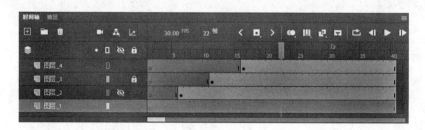

图 4-1　图层模式

Animate 2024 新增"高级图层"功能，使用高级图层，可以在"图层深度"面板中修改图层在 Z 轴方向的排列次序，从而创建深度感。默认情况下，图层面板中的图层为基本图层，图层深度功能处于关闭模式。选择"修改"菜单中的"文档"选项，弹出"文档设置"对话框，勾选"使用高级图层"选项，然后单击"确定"，即可开启高级图层模式。

使用高级图层时，Animate 将图层转换为元件。在使用 Animate 中的脚本访问这些元件时，必须将图层作为对象来调用。

4.2　图层的操作

通过分图层，可以把不同的效果添加到不同的图层上，合并起来就是一幅生动而且复杂的作品。下面简要介绍图层的一些基本操作。

4.2.1　创建图层

新建一个 Animate 动画文件的时候，文件默认的图层数为 1。创建图层有以下 3 种方法：
- 使用"插入"/"时间轴"/"图层"命令可以创建新的图层。
- 单击图层面板左下角的"新建图层"按钮 ，也可以创建新的图层。
- 在图层面板上的任意一图层单击鼠标右键，在弹出的快捷菜单中选择"插入图层"命令。

4.2.2　选取和删除图层

在图层面板中单击图层，或单击该图层的某一帧，即可选中相应的图层。被选中的图层背景呈深蓝色，所选中的层即变为当前图层。如图 4-2 所示的图层 _2。

图 4-2　选取图层

若要删除一个图层，则必须先选中该图层，然后通过以下两种方法删除选中的图层。
- 单击图层面板中的"删除"按钮 。
- 在要删除的图层上单击鼠标右键，在弹出的菜单中选择"删除图层"命令。

4.2.3　重命名图层

Animate 为不同的图层分配不同的名字，如：图层 _1，图层 _2。依照图层之间的关系或内容为图层命名，可以更好地组织图层。

若要重命名图层，可选用以下两种方法之一：
- 在要重命名的图层上单击鼠标右键，在弹出的快捷菜单中选择"属性"命令，在弹出的"图层属性"对话框中的"名称"文本框中输入图层名称。
- 双击图层名称，当图层名称变为可编辑状态时（如图 4-3 所示）输入一个新的名称，输入完毕，按 Enter 键，或单击其他空白区域。

图 4-3　更改图层名称

4.2.4 复制图层

有时可能需要复制某一图层上的内容或帧来建立一个新的图层，这在从一个场景到另一个场景，或从一个动画到其他动画传递图层时很有用。或者，可以复制图层的部分时间轴生成一个新的图层，甚至可以同时选择一个场景的所有图层，并将它们粘贴到其他位置来复制场景。

若要复制一个图层，可执行如下操作：

（1）新建一个图层。

（2）选择要复制的图层，单击要复制的第 1 帧，然后按住 Shift 键单击要复制的最后一帧。选择的区域变成蓝色，表明被选中。

（3）在选中的帧上单击鼠标右键，然后在弹出的快捷菜单中选择"复制帧"选项。

（4）在新建的空层上，在要粘贴内容的帧上单击鼠标右键，在弹出的菜单中选择"粘贴帧"命令。

利用该弹出菜单中的"粘贴并覆盖帧"选项，可在起始帧处粘贴复制的帧，且从起始帧算起的多个帧会被复制的帧覆盖。

如果要复制多图层，选择要复制的图层时，从第一图层的第一帧开始单击并拖动鼠标直到最后一图层的最后一帧，然后释放鼠标。如果这些图层不连续，则不能进行这样的操作。

> 提示：如果要选中一个图层中的所有帧，可以先单击这一图层的第一帧，然后按下 shift 键，再单击这一图层的最后一帧。若要选择连续的多图层，同样可以使用这种方法。

4.2.5 改变图层顺序

如果要改变图层的顺序，先选择要调整顺序的图层，然后在该图层上按下鼠标左键不放，拖动到需要的位置，释放鼠标即可。

4.2.6 修改图层的属性

若要修改图层的属性，则先选中该图层，然后在该图层的名称上单击鼠标右键，在弹出的快捷菜单中选择"属性"命令调出"图层属性"对话框，如图 4-4 所示。

该对话框中各个选项的作用如下：

● "名称"：在该文本框中输入选定图层的名称。

● "锁定"：如果选择了该项，则图层处于锁定状态，否则处于解锁状态。

● "连接至摄像头"：使用摄像头锁定图层。

默认情况下，摄像头应用于 Animate 中的所有图层。如果要排除某个图层，如游戏中显示时间表的动作按钮和平视显示器，可以将该图层连接到摄像头来锁定它。将图层连接到摄像头后，该图层上的对象将固定到摄像头，并且总是与摄像头一起移动，在输出的动画中似乎并未受到

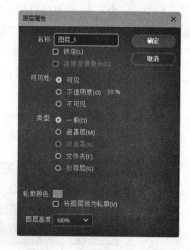

图 4-4 "图层属性"对话框

摄像头移动的影响。

- "可见性"：设置图层内容在舞台上是否可见。
- "类型"：利用该选项，可以设置图层的类型。有以下几个选项：
  - ➤ "一般"：将选定的图层设置为普通图层。
  - ➤ "遮罩层"：将选定的图层设置为遮罩图层。
  - ➤ "被遮罩"：将选定的图层设置为被遮罩图层。
  - ➤ "文件夹"：将选定的图层设置为图层文件夹。
  - ➤ "引导层"：将选定的图层设置为引导图层。
- "轮廓颜色"：指定图层以轮廓显示时的轮廓线颜色。在一个包含很多图层的复杂场景中，轮廓颜色可以使用户能够很快识别选择的对象所在的图层。
- "将图层视为轮廓"：选中的图层以轮廓的形式显示图层中的对象。
- "图层高度"：调整图层单元格的高度。

4.3　引导图层

引导图层的作用就是引导与它相关联的图层中对象的运动轨迹或定位。用户可以在引导图层中打开显示网格功能、创建图形或其他对象，这可以在绘制轨迹时起到辅助作用。引导图层只能在舞台上看到，在输出电影时不会显示。只要合适，用户可以在一个场景中使用多个引导图层。

4.3.1　普通引导图层

普通引导图层通常用于辅助绘图和绘图定位。创建普通引导图层的步骤如下：

（1）单击图层面板左下角的"新建图层"按钮 ⊞，创建一个普通图层。

（2）将鼠标移动到该图层的名称处，然后单击鼠标右键，在弹出的快捷菜单中选择"引导图层"命令即可。此时图层名称前显示图标 🅚，如图 4-5 所示的图层 _4。

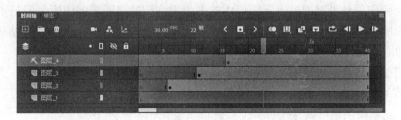

图 4-5　创建引导图层

4.3.2　运动引导图层

实际创作的动画中会包含许多直线运动和曲线运动。在 Animate 中创建直线运动是一件很容易的事情，而建立一个曲线运动或沿一条路径运动的动画就需要使用运动引导图层。

运动引导图层可以与多个图层建立联系。与运动引导图层连接可以使被连接图层上的任意元件沿着运动引导图层上的路径运动。只有在创建运动引导图层时选择的图层才会自动与该引导图层建立连接。用户可以将任意多个标准图层与运动引导图层相连。与运动引导图层关联的标准图层的名称栏都将被嵌在运动引导图层的名称栏下面，表明一种层次关系。

默认情况下，运动引导图层自动放置在被引导图层之上。用户可以像操作标准图层一样重新安排它的位置，与之关联的标准图层都将随之移动，以保持它们之间的位置关系。

若要建立一个运动引导图层，可以执行如下操作：

（1）选中要建立运动引导图层的图层。

（2）在该图层的名称处单击鼠标右键，在弹出的快捷菜单中选择"添加传统运动引导图层"命令。此时就会创建一个引导图层，名称左侧显示图标，被引导图层的名字向右缩进，如图 4-6 所示。

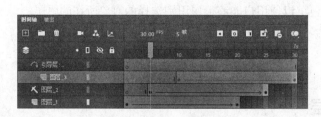

图 4-6　创建运动引导图层

若要使其他标准图层与运动引导图层建立连接，可执行以下操作：

（1）选中要与运动引导图层建立连接的标准图层。

（2）按下鼠标左键并拖动，此时，选中图层的底部显示一条黑色的线，表明该图层相对于其他图层的位置。拖动图层，直到标识位置的黑线出现在运动引导图层的下方，然后释放鼠标。

如果要取消与运动引导图层的连接关系，只要将被引导图层拖到运动引导图层的上方，或其他标准图层的下方，然后释放鼠标。

4.4　遮罩图层

遮罩图层的作用是可以透过遮罩图层内的图形看到被遮罩图层的内容，但是不可以透过遮罩图层内的无图形区域看到被遮罩图层的内容。利用遮罩图层的这种特性，可以制作出一些特殊效果，例如图像的动态切换、探照灯和图像文字等效果。

遮罩图层是包括遮罩对象的图层；而被遮罩图层是受遮罩图层影响的图层。遮罩图层可以有多个与之相关联的被遮罩图层。与运动引导图层一样，被遮罩图层在遮罩图层下面，且向右缩进。同时，遮罩图层也可以与任意多个被遮罩图层关联。

4.4.1　创建遮罩图层

创建遮罩图层的操作步骤如下：

（1）在要转化为遮罩图层的图层名称栏单击鼠标右键。

（2）在弹出的快捷菜单中选择"遮罩图层"命令。

此时，在该层名称左侧显示遮罩图标，如图 4-7 中的图层 _2 所示；被遮罩图层名称左侧显示图标，如图 4-7 中的图层 _1 所示。

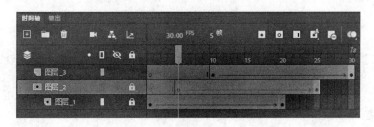

图 4-7　图层_2 为遮罩图层

如果要将其他图层连接到遮罩图层，只要将该图层拖到遮罩图层的下方即可。例如，将图 4-7 中的图层_3 拖放到图层_2 下，图层_3 变为被遮罩图层，如图 4-8 所示。

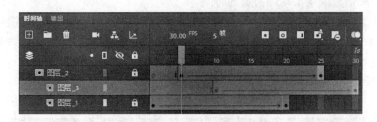

图 4-8　将图层_3 连接到遮罩图层

创建遮罩图层之后，Animate 自动锁定遮罩图层和被遮罩图层。如果需要编辑遮罩图层，必须先解锁，然后再编辑。但是解锁后不显示遮罩效果，如果需要显示遮罩效果，必须再次锁定图层。

4.4.2　编辑被遮罩图层

在 Animate 中，编辑被遮罩图层的步骤如下：

（1）单击需要编辑的被遮罩图层。

（2）单击该图层上的锁定按钮🔒解除锁定。现在可以编辑该图层的内容。

（3）完成编辑后，在该图层的名称栏上单击鼠标右键，在弹出的快捷菜单中选择"显示遮罩"命令，或再次锁定该图层重建遮罩效果。

注意：编辑被遮罩图层上的内容时，遮罩图层有时会影响操作。为了方便编辑，可以先隐藏遮罩图层。完成编辑后，使用"显示遮罩"命令重建遮罩效果。

4.4.3　取消遮罩图层

如果要取消遮罩效果，必须中断遮罩连接。中断遮罩连接的操作方法有以下 3 种：

● 在图层面板中，将被遮罩图层拖动到遮罩图层上方。

● 双击遮罩图层名称左侧的图标▣，在弹出的"图层属性"对话框中的"类型"列表中选中"一般"单选按钮。

● 将鼠标移动到遮罩图层的名称处，单击鼠标右键，在弹出的快捷菜单中取消选中"遮罩图层"命令。

4.5 帧

动画制作实际上就是改变连续帧的内容的过程。帧代表时刻，不同的帧就是不同的时刻，画面随着时间的变化而变化，就形成了动画。

4.5.1 帧的基本概念

1. 帧与关键帧

Animate 中的动画由若干幅静止的图像连续显示而形成，这些静止的图像就是"帧"。帧是在动画最小时间内出现的画面。Animate 制作的动画以时间轴为基础，由先后排列的一系列帧组成。帧的数量和帧频决定了动画播放的时间。

在时间轴上方的标尺上有一个帧播放头，用以显示当前帧的位置。在时间标尺中，显示时间（以秒为单位）和帧的编号，如图 4-9 所示，便于用户查看时间和帧。播放动画时，播放头会沿着时间标尺从左向右移动，以指示当前播放的帧。

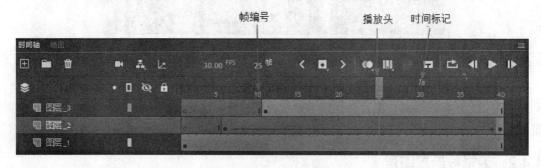

图 4-9　时间标尺与播放头

关键帧是动画中具有关键内容的帧，或者说是能改变内容的帧。关键帧的作用在于能够使对象在动画中产生变化。利用关键帧制作动画，可以大大简化制作过程。只要绘制动画中的对象在开始和结束两个时间的状态，Animate 自动通过插帧的方法计算并生成中间帧的状态。由于开始帧和结束帧决定了动画的两个关键状态，所以称为关键帧。

在时间轴上，实心圆点表示关键帧，前一个关键帧与后一个关键帧之间用黑色箭头来划分区段。在同一个关键帧的区段中，关键帧的内容会保留给它后面的帧。如果需要制作比较复杂的动画，动画对象的运动过程变化很多，仅仅依靠两个关键帧是不行的。此时，用户可以通过增加关键帧来达到目的，关键帧越多，动画效果就越细致。如果所有的帧都是关键帧，就形成了逐帧动画。

如果帧被设定成关键帧，且该帧中没有任何对象，它就是一个空白关键帧。在时间轴上，空心圆点表示空白关键帧。创建一个新图层时，每一个图层的第一帧将自动被设置为空白关键帧，它可以清除前面的内容。在一个空白关键帧中加入对象以后，空白关键帧就会变成关键帧。

通过时间轴中帧的显示方式还可以判断动画的类型。例如，两个关键帧之间显示紫色的背景以及黑色的箭头指示，表示传统补间动画。如果出现了虚线，就表明补间过程发生了错误。

2. 空白帧

普通帧也被称为空白帧，在时间轴窗口中，关键帧总是在普通帧的前面。前面的关键帧总是显示在其后面的普通帧内，直到出现另一个关键帧为止。

3. 帧频

默认状态下，Animate 2024 动画每秒播放的帧数为 24 帧，即帧频为 24fps。帧频过低，动画播放时会有明显的停顿现象；帧频过高，则播放太快，动画细节会一晃而过。因此，只有设置合适的帧频，才能使动画播放取得最佳效果。

一个动画只能指定一个帧频，在创建动画之前最好先设置帧频。

Animate 2024 增强了时间轴功能，勾选文档属性面板上的"缩放间距"选项，可以更改动画的每秒帧数 (fps)，而动画播放时间保持不变。

4.5.2　帧的相关操作

在创建动画时，常常需要添加帧或关键帧、复制帧、删除帧以及添加帧标签等操作。下面就对这些帧的相关操作进行简要介绍。

1. 添加帧动作

（1）在时间轴窗口选中帧。如果需要选择多个连续的帧，可以选中第一帧后，按住 Shift 键，再单击最后一帧。

（2）在需要添加动作的帧上单击鼠标右键，在弹出的快捷菜单中选择"动作"命令，打开"动作"面板，如图 4-10 所示。

图 4-10　"动作"面板

2. 添加帧

（1）在时间轴上选择一个普通帧或空白帧。

（2）选择"插入"/"时间轴"/"关键帧"命令，或在需要添加关键帧的位置单击鼠标右键，在弹出的快捷菜单中选择"插入关键帧"命令。

如果选择的是空白帧，执行以上操作后，普通帧将被加到新创建的帧上；如果选择的是普通帧，该操作只是将它转化为关键帧。

如果要添加一系列的关键帧，可先选择帧的范围，然后使用"插入关键帧"命令。

如果需要在时间轴窗口中添加空白关键帧，与添加关键帧的方法一样，从快捷菜单中选择"插入空白关键帧"命令。

如果需要在时间轴窗口中添加普通帧，可先在时间轴上选择一个帧，然后执行"插入"/"时间轴"/"帧"命令，或在需要添加帧的位置单击鼠标右键，在弹出的快捷菜单中选择"插入帧"命令。

3. 移动、复制和删除帧

如果要移动帧，则必须先选择要移动的单个帧或一系列帧，然后将选择的帧拖动到时间轴上的新位置。

复制并粘贴帧的方法如下：

（1）选择要复制的单个帧或一系列帧。

（2）单击鼠标右键，在弹出的快捷菜单中选择"复制帧"命令。

（3）在需要粘贴帧的位置单击鼠标右键，在弹出的快捷菜单中选择"粘贴帧"命令或"粘贴并覆盖帧"命令。

需要注意的是，"粘贴并覆盖帧"命令与"粘贴帧"的不同之处在于，"粘贴并覆盖帧"将使用复制的帧覆盖同等数量的帧，而"粘贴帧"将插入复制的帧。

如果需要删除帧，先选中要删除的单帧或一系列帧，然后单击鼠标右键，在弹出的快捷菜单中选择"删除帧"命令。

4.5.3　设置帧属性

Animate 可以创建两种类型的补间动画。一种是传统补间，即运动渐变动画；另一种是补间形状，即形状渐变动画。这两种补间动画的效果设置都是通过帧属性对话框实现的。

选中时间轴上的帧，打开对应的属性面板，如图 4-11 所示。

如果选择了传统补间中的帧，对应的属性面板如图 4-12 所示，此时面板中各参数的意义如下：

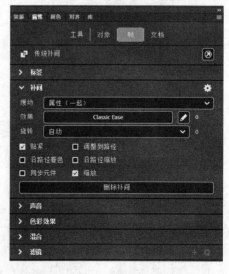

图 4-11　帧属性面板　　　　　　　　图 4-12　"传统补间"属性面板

- 缓动：在默认情况下，补间帧以固定的速度播放。利用缓动值，可以创建更逼真的加速度和减速度效果。正值以较快的速度开始补间，越接近动画的末尾，补间的速度越慢。负值以较慢的速度开始补间，越接近动画的末尾，补间的速度越快。
- "编辑缓动"按钮 ：单击该按钮打开"自定义缓动"对话框，显示动画变化程度随时间推移的坐标图。水平轴表示帧，竖直轴表示变化的百分比。在该对话框中可以精确控制动画的开始速度和停止速度。

　制作动画时，速度变快称为运动的"缓入"；动画在结束时变慢称为"缓出"。Animate 中的自定义缓入缓出控件允许用户精确选择应用于时间轴的补间如何影响补间对象在舞台上的效果，使用户可以通过一个直观的图表轻松而精确地控制这些元素，该图表可独立控制动画补间中使用的位置、旋转、缩放、颜色和滤镜。

　　Animate 2024 增强了缓动预设功能，缓动预设延伸到属性级。默认情况下，针对所有属性定义缓动，如果在"缓动"下拉列表中选择"属性（单独）"，可以分别设置各个属性的缓动，如图 4-13 所示。

图 4-13　缓动预设

　　单击属性右侧的下拉列表框，弹出缓动预设列表，如图 4-14 所示。双击需要的预设类型，即可应用。

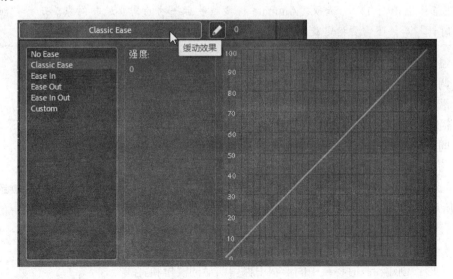

图 4-14　缓动预设列表

单击"编辑缓动"按钮 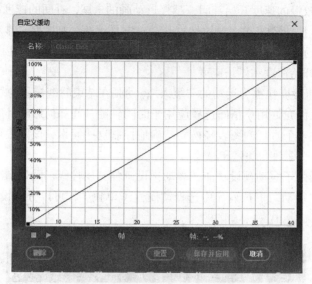，弹出如图 4-15 所示的"自定义缓动"对话框，在这里，用户可以自定义缓动。

图 4-15 "自定义缓动"对话框

该对话框显示一个表示运动程度随时间变化的图形。水平轴表示帧，垂直轴表示变化的百分比，曲线的斜率表示对象的变化速率。曲线水平时，变化速率为零；曲线垂直时，变化速率最大。

在曲线上按下鼠标左键并拖动，即可修改曲线。修改完成后，单击"保存并应用"按钮，可保存自定义缓动，并重复使用。

● 旋转：若要使组合体或实例旋转，可以从"旋转"下拉列表中选择一个选项。

> 注意：选择"自动"选项，Animate 将按照最后一帧的需要旋转对象。选择"顺时针"或"逆时针"后，还需要指定旋转的次数。如果不指定次数，则不会产生旋转。

● 贴紧：如果使用运动路径，根据其注册点将补间元素附加到运动路径。
● 调整到路径：如果使用运动路径，将补间元素的基线调整到运动路径。
● 沿路径着色：沿路径运动时，被引导对象的颜色根据路径颜色的变化而变化。
● 沿路径缩放：沿路径运动时，被引导对象根据笔触宽度进行缩放。
● 同步元件：此属性只影响图形元件，使图形元件实例的动画与主时间轴同步。
● 缩放：如果组合体或实例的大小发生渐变，可以选中这个复选框。

如果选中的帧是形状补间中的一个帧，则在属性面板中将出现形状补间的参数选项，如图 4-16 所示。

该属性面板中的"混合"下拉列表中包含以下两个选项：
● 分布式：创建动画时产生的中间形状将平滑而不规则。
● 角形：创建动画时将在中间形状中保留明显的棱角和直线。

在帧属性面板中，还有声音、效果和同步等选项，将在后面的章节中介绍。

图 4-16　"形状补间"属性面板

4.6　本章小结

本章主要介绍了图层的基本概念，图层的编辑以及引导图层和遮罩图层的运用。介绍了关键帧与普通帧的区别，以及如何对帧进行添加、复制、删除等操作。图层和帧是 Animate 动画创作的基础，只有熟练掌握了图层和帧的相关操作，动画创作才能得心应手。本章所讲的知识与技能在动画创作中占有很大的比重，希望读者能够掌握这些知识，并熟练掌握相关的操作技能。

4.7　思考与练习

1. 简述图层和帧的概念，并回答图层与帧有哪几种类型？

2. 如何创建和编辑图层？

3. 遮罩图层在动画中的作用是什么？如何运用遮罩图层？

4. 如何快速地插入关键帧？关键帧在动画中起什么作用？

5. 在时间轴面板上添加几个图层，然后分别对其命名，再对这些图层进行添加运动引导图层，遮罩图层等操作，使最后结果如图 4-17 所示。

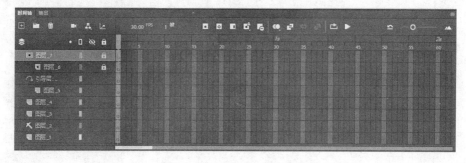

图 4-17　图层操作

6. 创建如图 4-18 所示的图层，并将图层 1 至图层 4 上的所有内容复制并粘贴到图层 5 的第 5 帧，结果如图 4-19 所示。

图 4-18　复制前的图层

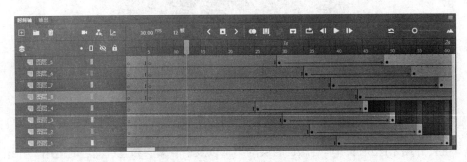

图 4-19　复制后的图层

第 5 章　动画制作基础

本章导读

　　动画是将一组画面快速地呈现在人的眼前，利用人眼视觉上的"残留"特性，给人的视觉造成连续变化效果。Animate 中的动画以时间轴为基础，由先后排列的一系列帧组成。

　　本章介绍几种常见的动画制作方法，包括逐帧动画、渐变动画、路径动画、遮罩动画、补间动画和反向运动。在同一个动画中，可以包含多种动画制作方式，灵活地使用图层，还可以创建奇妙的动画。

　　声音也是动画的重要组成部分，Animate 2024 提供了多种使用声音的途径，可以使声音独立于时间轴窗口连续播放，也可使音轨中的声音与动画同步，还可以使它在动画播放的过程中淡入或淡出。

 学习要点

- 📖 动画的舞台结构
- 📖 逐帧动画
- 📖 传统补间和形状补间动画
- 📖 路径动画、遮罩动画
- 📖 补间动画
- 📖 反向运动
- 📖 发布动画

Animate 2024 中文版标准实例教程

5.1 动画的舞台结构

舞台是创作动画的地方，熟悉舞台的结构可以在动画创作过程中起到事半功倍的效果。本节将介绍动画创作时常用的几个面板，以及各个面板的功能与作用。

5.1.1 时间轴面板

Animate 2024 的时间轴面板默认位于舞台下方，用户可以使用鼠标拖动它，改变它在窗口中的位置。时间轴面板是进行动画创作和编辑的主要工具。按照功能不同，可将时间轴分为两大部分：图层控制区和时间轴控制区，如图 5-1 所示。

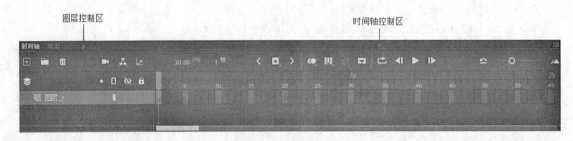

图 5-1 时间轴面板

1. 时间轴标尺

时间轴标尺由帧标记、帧编号和时间标记三部分组成。帧标记就是时间标尺上的小垂直线，每一个刻度代表一帧，每 5 帧显示一个帧编号。在默认情况下，帧编号居中显示在两个帧标记之间，多数字帧的编号与它们所表示的帧左对齐。时间标记显示在时间标尺顶部，将帧转换为时间，方便用户查看时间和已设置的每秒帧数（FPS）值。

2. 播放头

播放头有两个主要作用，一是浏览动画，二是选择需要处理的帧。拖动播放头时，可以浏览动画，随着播放头位置的变化，动画会根据播放头的拖动方向向前或向后播放。

使用工具箱中的"时间划动工具" ![icon]，也可以向左或向右查看整个时间轴。

3. 状态栏

状态栏显示播放控件、洋葱皮工具、当前帧编号、帧速率和调整时间轴视图大小等信息。"当前帧"显示舞台上当前可见帧的编号，也就是播放头当前的位置。"帧速率"显示当前动画每秒钟播放的帧数，也称为帧频。执行"修改"/"文档"命令，在"文档设置"对话框中修改帧频，如图 5-2 所示。

4. 帧浏览选项

单击时间轴右上角的选项菜单按钮 ![icon]，可以打开帧浏览下拉菜单，该菜单中各个命令的功能简述如下：

图 5-2 "文档设置"对话框

- "标准"：时间轴中帧的默认显示形式，如图 5-3 所示。

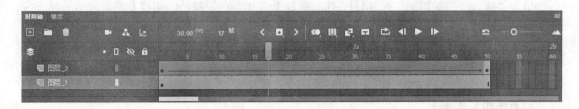

图 5-3　帧的默认显示形式

- "预览"：将图形放大或缩小放置在框中，如图 5-4 所示。

图 5-4　选择"预览"命令的效果图

- "关联预览"：选择该命令，则会以缩略图形式显示元件相对整个动画的大小，如图 5-5 所示。

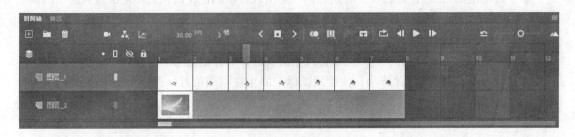

图 5-5　"关联预览"效果

- "较短""中""高"：这是与时间轴中帧高度有关的菜单命令，选择该项，可以改变帧的高度。
- "基于整体范围的选择"：在时间轴中选择补间范围和帧。

5.1.2　时间轴按钮

时间轴的顶部是状态栏，各个工具按钮的功能如下：

1. 插入关键帧

单击"插入关键帧"按钮 ，在时间轴上添加关键帧，用实心圆点表示。关键帧是动画中具有关键内容的帧，或者说是能改变内容的帧。关键帧的作用就在于能够使对象在动画中产生变化。

2. 插入空白关键帧

单击"插入空白关键帧"按钮 ，在时间轴上添加空白关键帧，用空心圆点表示。插入一个空白关键帧时，它可以将前一个关键帧的内容清除掉，画面的内容变成空白，其目的是使动画中的对象消失。在一个空白关键帧中加入对象以后，空白关键帧就会变成关键帧。

3. 插入帧

单击"插入帧"按钮 ，在时间轴上添加一个普通帧。

4. 自动插入关键帧

使用"自动关键帧"选项可向选定帧添加"关键帧"或"空白关键帧"。随即会在现有帧范围之外显示蓝点，以指示自动插入关键帧的帧编号。

5. 删除帧

如果需要删除帧，在要删除的帧上单击鼠标右键，在弹出的快捷菜单中选择"删除帧"命令即可。

6. 播放控件

用于调试或预览动画效果的播放控件。

7. 循环

单击"循环"按钮 ，循环播放当前选中的帧范围。如果没有选中帧，则循环播放当前整个动画。

8. 绘图纸外观

单击"绘图纸外观"按钮 ，可以让用户一次看到多帧画面，各帧内容就像用半透明的绘图纸绘制的一样叠放在一起。鼠标右键单击该按钮，弹出下拉菜单：

- "选定范围"：选择此选项，时间轴标尺上出现方形标记（默认选择范围是当前帧的前2帧和后2帧），且方形标记开始边呈现蓝色，方形标记结束边呈现绿色。方形标记范围内的帧可以被看到，但只有当前帧完全显示，其他帧半透明显示。
- "所有帧"：选择此选项，时间轴标尺上出现的方形标记会选中所有帧。
- "锚点标记"：选择此选项，使绘图纸标记静止在当前位置，而不会随着播放头的移动而移动。
- "高级设置"：选择此选项后会弹出"绘图纸外观设置"对话框，进行更多的设置。

9. 将时间轴缩放重设为默认级别

单击该按钮 ，将缩放后的时间轴调整为默认级别。

10. 调整时间轴视图大小

拖动 中的滑块，可以动态地调整视图中可显示的帧数；单击右侧的 ，可以在视图中显示较少帧。

5.1.3 管理场景

在 Animate 动画中，演出的舞台只有一个，但是在演出的过程中，可以更换不同的场景。

1. 添加与切换场景

如果需要在舞台中添加场景，选择"插入"/"场景"命令。添加场景后，舞台和时间轴都会更换成新的，可以创建另一场电影，在舞台的左上角会显示出当前场景的名称。

选择"窗口"/"场景"命令，可以调出"场景"面板，如图 5-6 所示。

在场景列表框中显示了当前影片中所有场景的名称。在"场景"面板左下角有 3 个按钮，从左到右依次为"添加场景"![]、"重制场景"![]和"删除场景"![]按钮。单击"添加场景"按钮![]，新增的场景会在场景列表框中突出显示，默认的名称是"场景 *"，同时在舞台上也会跳转到该场景，舞台和时间轴都会更换成新的。

图 5-6　"场景"面板

单击舞台左上角的"编辑场景"按钮![]，则会弹出一个场景下拉菜单。单击该菜单中的场景名称，可以切换到相应的场景中。

另外，选择"视图"/"转到"菜单命令，会弹出一个下拉子菜单。利用该菜单，也可以完成场景的切换。该子菜单中各个菜单命令的功能如下：

- "第一个"：切换到第一个场景。
- "前一个"：切换到上一个场景。
- "下一个"：切换到下一个场景。
- "最后一个"：切换到最后一个场景。
- "场景 *"：切换到第 * 个场景。* 是场景的序号。

2. 重命名场景

如果需要给场景命名，可以在"场景"面板中双击需要命名的场景名称，当场景名称变为可编辑状态时，输入新名称。尽管可以使用任何字符给场景命名，但是最好使用有意义的名称来命名场景，而不仅仅使用数字区别不同的场景。

在"场景"面板的场景列表中拖动场景的名称时，可以改变场景的顺序，该顺序将影响到动画的播放顺序。

3. 删除及复制场景

如果要删除场景，可以执行如下操作：

（1）在"场景"面板中选择一个要删除的场景。

（2）单击"场景"面板中的"删除场景"按钮![]。

如果要复制场景，可以执行如下操作：

（1）在"场景"面板中选择一个要复制的场景。

（2）单击"场景"面板中的"重制场景"按钮![]。

复制场景后，新场景的默认名称是"所选择场景的名称 + 复制"，例如"场景 4 复制"，用户可以对场景进行重命名、移动和删除等操作。复制的场景是所选场景的一个副本，所选场景中的帧、层和动画等都得到复制，并形成一个新场景。复制场景主要用于编辑某些类似的场景。

5.1.4　坐标系统

在 Animate 的舞台上，左上角的坐标是（0,0），然后从左往右，横坐标依次增大；从上往下，纵坐标依次增大。

而对于元件来说，坐标原点位于元件的中心，向右横坐标增大，向左横坐标减小，向上纵坐标减小，向下纵坐标增大。

5.2 逐帧动画

逐帧动画是一种最基础的动画制作方法，它往往需要很多关键帧，在制作时，需要对每一帧动画的内容进行具体绘制。如果关键帧比较少，而它们的间隔又比较大，则播放效果类似于幻灯片的放映。利用这种方法制作动画，工作量非常大，如果要制作的动画比较长，需要投入相当大的精力和时间。不过，这种方法制作出来的动画效果非常好，因为对每一帧都进行绘制，所以动画变化的过程非常准确、真实。

下面通过一个实例说明制作逐帧动画的方法。这个实例模仿写字的过程，文字一笔一画逐渐显现在舞台上。制作步骤如下：

（1）新建一个 ActionScript 3.0 文档。

（2）选择"修改"/"文档"命令，调出"文档属性"对话框，设置舞台宽度为 300px，高度为 260px，其余选项保留默认设置。

为了使绘制的图形定位更加准确，可以在舞台上显示网格。

（3）选择"视图"/"网格"/"显示网格"命令，在舞台上显示网格。网格宽度和高度默认均为 10px。如果要使网格线更加细密，可以选择"视图"/"网格"/"编辑网格"命令，弹出"网格"对话框。在 ↔ 和 ↕ 右侧的文本框中输入 8，表示网格的宽度和高度都是 8 像素。

（4）单击绘图工具箱中的"文本工具" T，在属性设置面板中设置字体为隶书、字号为 180。然后在舞台上输入"帧"字。

（5）选中文字，然后选择"修改"/"分离"命令，将文字打散。选择"窗口"/"颜色"命令，调出"颜色"面板，在该面板中设置颜色类型为"线性渐变"，渐变颜色为红色（#F00000）到蓝色（#000099）渐变。填充后的文本效果如图 5-7 所示。

图 5-7　输入文字并设置填充样式

（6）在时间轴上的第 30 帧单击鼠标右键，在弹出的快捷菜单中选择"插入关键帧"命令，将第 30 帧设置为关键帧。

（7）选择第 2 帧～第 29 帧，然后单击鼠标右键，在弹出的快捷菜单中选择"转换为关键帧"命令，将第 2 帧～第 29 帧都转化为关键帧。

（8）在时间轴上选中第 30 帧，然后选择绘图工具箱中的"橡皮擦工具" ◆，将"帧"字按照写字的先后顺序，从最后一笔反向擦掉一部分，如图 5-8 所示。

（9）在时间轴上选择第 29 帧，利用"橡皮擦工具"进一步反向擦除一部分笔画，如图 5-9 所示。为了使擦出部分更加准确，可以启用洋葱皮工具。

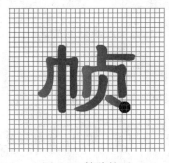

图 5-8　擦除笔画

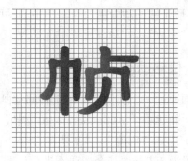

图 5-9　继续擦除

（10）使用同样的方法擦除其他帧中的笔画，将"帧"字在第 10 帧时刚好完全擦除。

　注意：在笔画的交叉处，擦除其中一个笔画时不要破坏另一个笔画的完整性。

（11）将第 4 帧～第 10 帧对应的文字全部擦除，此时这些关键帧就变成了空白关键帧。剩下的 3 帧不进行擦除。

（12）操作完成后，选择"控制"/"测试影片"命令，可以看到"帧"字一笔一画出现在舞台上，然后消失，再从无到有一笔一笔写出来。

通过该实例，相信读者已经基本了解使用 Animate 2024 制作逐帧动画的方法。利用逐帧动画的制作方法还可以制作出很多特殊效果的动画。

5.3　传统补间动画

传统补间动画是利用运动渐变的方法制作的动画。利用渐变的方法可以处理舞台中经过群组后的各种矢量图形、文字和导入的素材等。使用这种方法，可以设置对象在位置、大小、倾斜度、颜色以及透明度等方面的渐变效果；还可以将运动过程与任意曲线组成的路径结合起来，制作路径引导动画。使用这种方法必须注意的是，一定要将对象转换成元件或群组。

创建了传统补间动画之后，选择关键帧，并选择"窗口"/"属性"命令，将打开对应的属性设置面板。该面板中有关传统补间属性设置的意义及功能如下：

- "缓动"：设置对象在动画过程中的变化速度。范围是 –100～100。其中正值表示变化先快后慢；0 表示匀速变化；负值表示变化先慢后快。
- "旋转"：设置旋转类型及方向。该下拉列表框包括 4 个选项。其中"无"表示在动画过程中不进行旋转；"自动"表示使用舞台中设置的方式进行旋转变化；"顺时针"表示设置对象的旋转方向为顺时针；"逆时针"表示设置对象的旋转方向为逆时针。
- "贴紧"：选择该项时，如果有联接的引导层，可以将动画对象吸附在引导路径上。"调整到路径"：当用户选择了该项，对象在路径变化动画中可以沿着路径的曲度变化改变方向。
- "沿路径着色"：在引导动画中，被引导对象基于路径的颜色变化进行染色。
- "沿路径缩放"：在引导动画中，被引导对象基于路径的笔触粗细变化进行缩放。
- "同步元件"：如果对象中有一个对象是包含动画效果的图形元件，选择该项可以使图形元件的动画播放与舞台中的动画播放同步进行。

● "缩放": 在动画过程中逐渐改变对象的大小, 否则在结束帧突然缩放。

5.3.1 位移动画

下面通过一个实例介绍传统补间动画的制作方法。具体的操作步骤如下:

(1) 新建一个 ActionScript 3.0 文档。

(2) 选择"修改"/"文档"命令, 调出"文档设置"对话框, 将舞台宽度设置为 900px, 高度设置为 260px, 其余选项不进行设置。

(3) 选择绘图工具箱中的"椭圆工具" , 在属性面板上设置无笔触颜色, 填充颜色为灰白径向渐变, 按下 Shift 键的同时按下鼠标左键并拖动, 在舞台上绘制一个立体球, 如图 5-10 所示。

(4) 使用"选择工具"选中整个球, 然后执行"修改"/"转换为元件"命令, 将球转化为一个名称为"ball"的图形元件。

(5) 单击绘图工具箱中的"椭圆工具" , 在属性设置面板中设置无笔触颜色、填充颜色为灰色, 然后在舞台上绘制一个椭圆, 作为立体球的阴影。

(6) 选中灰色椭圆, 选择"修改"/"形状"/"柔化填充边缘"命令, 调出"柔化填充边缘"对话框, 在该对话框中进行柔化设置。设置完成后, 单击"确定"按钮关闭对话框。即可柔化灰色椭圆, 效果如图 5-11 所示。

图 5-10　绘制立体球　　　　　　　　　　图 5-11　球和阴影

(7) 选中球和阴影, 执行"修改"/"组合"命令, 将球与阴影组合成一个整体。

(8) 在时间轴窗口选中第 48 帧, 然后执行"插入"/"时间轴"/"关键帧"命令, 此时第 1 帧和第 48 帧都变成了关键帧, 第 2 帧 ~ 第 47 帧都变成了普通帧。

(9) 选中第 1 帧, 单击鼠标右键, 在弹出的快捷菜单中选择"创建传统补间"命令, 并将球及阴影拖曳到舞台的左下角。

(10) 单击选择时间轴的第 48 帧, 然后将球及阴影拖曳到舞台的右上角。

操作完成后, 按 Enter 键可以查看传统补间动画的效果: 球及阴影从左下角向右上角移动, 并且保持匀速运动。单击时间轴面板中的"绘图纸外观"按钮 , 然后再鼠标右键单击该按钮, 在弹出的下拉菜单中选择"所有帧"选项, 就可以看到所有帧的运动轨迹, 如图 5-12 所示。

播放头所在帧显示为实体, 之前的帧显示为蓝色, 之后的帧显示为绿色。

图 5-12　所有帧的运动轨迹

5.3.2　旋转动画

物体的转动也是传统补间动画的一种，巧妙地使用它，往往会产生意想不到的效果。下面通过一个实例来介绍它的制作方法。具体的操作步骤如下：

（1）新建一个 ActionScript 3.0 文档。

（2）选择"文件"/"导入"/"导入到舞台"命令，导入一幅图像到舞台上，如图 5-13 所示。

（3）在时间轴第 30 帧单击鼠标右键，在弹出的快捷菜单中选择"插入关键帧"命令。

（4）选择时间轴第 1 帧，单击鼠标右键，在弹出的快捷菜单中选择"创建传统补间"命令。

此时，如果选择"窗口"/"库"命令，调出"库"面板，可以看到"库"面板中多了两个元件，默认名称为"补间 1"和"补间 2"。这是因为传统补间只对元件、群组和文本框有效，因此在创建运动渐变动画后，Animate 2024 自动将其他类型的内容转变为元件，并以"补间 + 数字"形式命名元件。

（5）继续保留第 1 帧的选中状态，选择舞台上的实例，然后单击绘图工具箱中的"任意变形工具" ⬚，单击工具箱底部的"缩放"按钮 ⬚，此时图片的四周出现调整手柄，通过调整手柄缩小图像，然后再使用"旋转与倾斜"按钮进行旋转和倾斜，如图 5-14 所示。

图 5-13　导入图像

图 5-14　缩小、旋转和倾斜图片

（6）选择舞台上的实例，打开属性设置面板中的"色彩效果"下拉列表框，选择"Alpha"选项，指定 Alpha 值为 0%。这样舞台上的实例就消失了。

（7）单击选择时间轴窗口的第 1 帧，在属性面板上的"旋转"下拉列表中选择"顺时针"选项，表示顺时针旋转，然后在文本框中输入 3，表示旋转 3 次。

（8）单击第 30 帧，选择舞台上的实例，在属性设置面板中的"色彩效果"下拉列表中选择"色调"，然后在颜色选择器中选择一种颜色，或直接在 R、G、B 文本框中输入数值。这样第 30 帧对应的对象就被染色，使动画的效果更加精彩。

操作完成后，按 Enter 键可以查看动画的效果。图像从无到有开始旋转，并逐渐放大，同时还被染色。选择时间轴第 15 帧，然后打开洋葱皮工具，可以看到图像效果如图 5-15 所示。

5.3.3　摄像头动画

图 5-15　图像在第 15 帧的状态

Animate 2024 提供对虚拟摄像头的支持，利用摄像头工具，动画制作人员可以在场景中平移、缩放、旋转舞台，以及对场景应用色彩效果。在摄像头视图下查看动画作品时，看到的图层会像正透过摄像头来看一样，通过对摄像头图层添加补间或关键帧，可以轻松模拟摄像头移动的动画效果。Animate 2024增强了摄像头功能，使用摄像头和图层深度还可以创造视差效果。

下面通过一个简单的实例介绍摄像头动画的制作方法。

（1）新建一个Animate文档，并执行"文件"/"导入"/"导入到舞台"菜单命令，在舞台中导入一幅位图作为背景，设置背景大小与舞台尺寸相同，且位图左上角与舞台左上角对齐。然后在第50帧按F5键，将帧延长到第50帧，效果如图5-16所示。

图5-16　导入背景图像

（2）添加摄像头图层。单击图层面板右下角的"添加摄像头"按钮 ，或在绘图工具箱中单击"摄像头工具"按钮，即可启用摄像头，图层面板上出现一个摄像头图层。舞台底部显示摄像头工具的调节杆，且舞台边界显示一个颜色轮廓，颜色与摄像头图层的颜色相同，如图5-17所示。

注意：摄像头仅适用于场景，不能在元件内启用摄像头。如果将某个场景从一个文档复制粘贴到另一个文档中，它会替换目标文档中的摄像头图层。如果有多个场景，可以仅对当前活动场景启用摄像头。如果要粘贴图层，只能将图层粘贴到摄像头图层的下面，且不能在摄像头图层中添加其他对象。

接下来添加关键帧，移动摄像头。

（3）在摄像头图层的第10帧单击鼠标右键，在弹出的快捷菜单中选择"转换为关键帧"命令。默认情况下，缩放控件 处于活动状态，向右拖动调节杆上的滑块放大舞台上的内容，如图5-18所示。

图 5-17　添加摄像头图层

图 5-18　放大舞台上的内容

　　默认状态下，缩放控件处于活动状态，向左拖动滑块，可缩小舞台内容；向右拖动滑块，则放大舞台内容。用户也可以打开摄像头的属性面板，通过修改缩放的比例值（如图 5-19 所示）也可以缩放舞台内容。

图 5-19　在属性面板上修改摄像头缩放比例

> **提示**：如果希望能无限比例缩放舞台内容，可将滑块朝一个方向拖动，然后松开滑块，滑块将迅速回到中间位置，此时可继续拖放滑块，缩放舞台内容。

　　如果要保留之前的设置，可以单击"重置"按钮 ⬛，重置使用摄像头对平移、缩放和旋转所做的更改。

　　（4）将摄像头图层的第 20 帧转换为关键帧，然后将鼠标指针移到舞台边界内，当鼠标指针变为 ✛▪ 时，按下鼠标左键向右拖动，舞台上的内容将向左平移；向上拖动，舞台上的内容向下平移，结果如图 5-20 所示。

图 5-20　平移舞台上的内容

　　如果向左或向下拖动，则舞台内容向右或向上平移；拖动时按住 Shift 键，可以水平或垂直平移舞台内容。

（5）将摄像头图层的第 30 帧转换为关键帧，单击"旋转控件"按钮![img]激活该工具，然后向右拖动调节杆上的滑块逆时针旋转舞台上的内容，如图 5-21 所示。

图 5-21　旋转舞台上的内容

旋转控件![img]处于活动状态时，向左拖动滑块，可顺时针旋转舞台内容；向右拖动滑块，则逆时针旋转舞台内容。用户也可以打开摄像头的属性面板，通过修改缩放的比例值（如图 5-22所示）也可以缩放舞台内容。

图 5-22　在属性面板上设置旋转角度

（6）将摄像头图层的第 40 帧转换为关键帧，然后单击"旋转控件"![img]，向左拖动调节杆上的滑块，顺时针旋转舞台上的内容，如图 5-23 所示。

（7）将摄像头图层的第 50 帧转换为关键帧，切换到"缩放控件"![img]，向左拖动调节杆上的滑块，缩小舞台上的内容，如图 5-24 所示。

（8）在摄像头图层的第 1 帧和第 10 帧之间的任一帧上单击鼠标右键，在弹出的快捷菜单中选择"创建传统补间"命令；同样的方法，在第 10 帧～第 20 帧、第 20 帧～第 30 帧、第 30 帧～第 40 帧和第 40 帧～第 50 帧之间创建传统补间关系。

图 5-23　顺时针旋转舞台上的内容

图 5-24　缩小舞台内容

注意：可以在摄像头图层中添加传统和补间动画，但不能添加补间形状动画，也不能在摄像头图层中使用锁定、隐藏、轮廓、引导层或遮罩功能。

（9）选中时间轴上的任一帧，单击编辑栏上的"剪切掉舞台范围以外的内容"按钮，如图 5-25 所示，裁切舞台外的对象。

图 5-25 裁切舞台外的对象

（10）执行"修改"/"文档"命令，在弹出的对话框中将帧频修改为 8fps。然后按 Ctrl+Enter 键，预览动画效果。

5.4 形状补间动画

上一节介绍了传统补间动画，传统补间动画中的所有对象必须转换为元件或群组。形状补间动画则不同，它处理的对象只能是矢量图形，群组对象和元件都不能直接进行形状补间。形状补间动画描述了一段时间内一个对象变成另一个对象的过程。在形状补间动画中用户可以改变对象的形状、颜色、大小、透明度以及位置等。

5.4.1 简单的形变动画

形状补间动画，就是形状发生变化的动画。在形状补间动画中，可以存在多个矢量图形，但在变形过程中它们被作为一个整体。下面通过一个实例来介绍形状补间动画的制作方法。

（1）新建一个 ActionScript 3.0 文档。

（2）选择"修改"/"文档"命令，设置舞台宽 900 像素，高 250 像素。

（3）单击绘图工具箱中的"椭圆工具"，按住 Shift 键在舞台上绘制一个正圆，设置内部填充为由红到黑的径向渐变，无笔触颜色，效果如图 5-26 所示。

图 5-26 绘制正圆

（4）选中时间轴的第 1 帧，然后将正圆拖曳到舞台的左下角。

（5）在时间轴第 20 帧单击鼠标右键，在弹出的快捷菜单中选择"插入关键帧"命令，在第 1 帧和第 20 帧之间的任一帧上单击鼠标右键，在快捷菜单中选择"创建补间形状"命令，此时，在第 1 帧～第 20 帧之间创建了形状补间动画。时间轴窗口如图 5-27 所示。

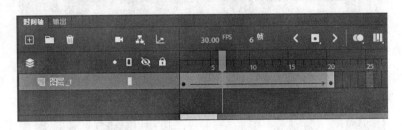

图 5-27　设置变形关键帧

（6）单击第 20 帧，选择绘图工具箱中的"多角星形工具"，在属性面板上展开"工具选项"按钮，在"样式"下拉列表中设置多边形样式为"星形"，边数为 6，在舞台的正中间绘制一个六角星形。然后将舞台上的正圆删除。

（7）在第 40 帧单击鼠标右键，在弹出的快捷菜单中选择"插入关键帧"命令，在第 20 帧和第 40 帧之间的任一帧上单击鼠标右键，在快捷菜单中选择"创建补间形状"命令，此时，在第 20 帧～第 40 帧之间创建了形状补间动画。

（8）单击第 40 帧，选择绘图工具箱中的"椭圆工具"，在舞台的右下角绘制一个椭圆。然后将舞台中的六角星形删除。

操作完成后，按 Enter 键查看形状补间动画的效果：正圆从舞台的左下角向舞台的中央移动，在移动的过程中渐变成六角星形，六角星形再向舞台的右下角进行移动，在移动的过程中渐变成椭圆。选中第 20 帧，打开绘图纸外观工具的效果如图 5-28 所示。

图 5-28　形状补间动画示例

5.4.2　颜色渐变动画

利用形状补间动画还可以设计颜色与图形的渐变动画，下面以一个简单实例进行说明。

（1）新建一个 ActionScript 3.0 文档。用"椭圆工具"在舞台的中心绘制一个椭圆，笔触颜色无，填充颜色为径向渐变。效果如图 5-29 所示。

（2）单击第 20 帧，并按 F6 键添加关键帧。选择该帧，然后选择该帧的所有内容，全部删除。

（3）选择"文本工具"，设置字体属性为"Impact"、大小为 100，输入字符串"Good"。

（4）执行"修改"/"分离"命令两次将其打散。在绘图工具箱中选择"颜料桶工具"，在"颜色"面板中选择"径向渐变"选项，调整右边的颜色游标 R 值为 99、G 值为 11、B 值为 88、Alpha 值为 100%。效果如图 5-30 所示。

图 5-29　第 1 帧圆形效果图

图 5-30　第 20 帧效果图

（5）选中 1～20 帧之间的任意一帧，单击鼠标右键，在弹出的快捷菜单中选择"创建补间形状"命令，完成动画设置。

（6）选择"控制"/"播放"命令观看动画效果。

5.5　路径动画

Animate 还可以使对象沿用户描绘的任意曲线移动，此时需要在运动层上添加一个运动引导层，该引导层中仅仅包含一条任意形状、长度的路径。最后将运动层和引导层连接起来，就可以使对象沿指定的路径运动。

下面通过一个实例来介绍运动引导动画的制作方法。具体操作步骤如下：

（1）新建一个 ActionScript 3.0 文档，选择"修改"/"文档"命令，在弹出的"文档设置"对话框中设置舞台宽 900px，高 260px。

（2）选择"插入"/"新建元件"命令，新建一个名为 butterfly 的图形元件。

（3）选择"文件"/"导入"/"导入到舞台"命令，导入一幅 GIF 动画，并调整位置。单击编辑栏上的"返回场景"按钮，返回到场景编辑舞台。

（4）选择"窗口"/"库"命令，调出"库"面板，将 butterfly 实例拖动到舞台上。

（5）选中第 30 帧，单击鼠标右键，在弹出的快捷菜单中选择"插入关键帧"命令。然后在第 1 帧～第 30 帧之间任意一帧上单击鼠标右键，在弹出的快捷菜单中选择"创建传统补间"命令，创建 butterfly 实例的传统补间动画。

（6）在图层 1 上单击鼠标右键，在弹出的快捷菜单中选择"添加传统运动引导层"命令，添加一个运动引导层。

（7）单击引导层的第 1 帧，使用"铅笔工具"在舞台上绘制一条曲线，该曲线将作为运动轨迹。

（8）单击被引导层的第 1 帧，将 butterfly 实例拖曳到曲线的一端，并使 butterfly 实例的中心与曲线的一端对齐，如图 5-31 所示。

（9）选择被引导层的第 30 帧，将 butterfly 实例拖曳到曲线的另一端，并使 butterfly 实例的中心与曲线的另一端对齐。

操作完成后，按 Enter 键查看路径动画的效果：蝴蝶从曲线的起点开始向曲线的终点移动，并且保持匀速运动。选择时间轴第 15 帧，可以看到蝴蝶在舞台上的位置如图 5-32 所示。

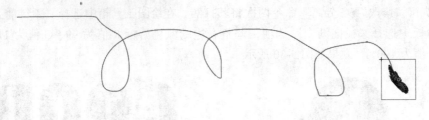

图 5-31　移动 butterfly 实例的中心

图 5-32　蝴蝶在第 15 帧的状态

单击运动引导层上的"显示 / 隐藏图层"图标按钮，控制移动路径的显示 / 隐藏。但在输出的动画中，引导路径是不可见的。

在 Animate 中，还可以制作基于可变宽度路径和颜色的引导动画。

（10）选择引导路径，在属性面板上的"宽"下拉列表中选择一种可变宽度配置文件。然后选择不同的路径段，填充不同的颜色。效果如图 5-33 所示。

图 5-33　可变宽度路径效果

（11）选中被引导图层的第 1 帧，在对应的属性面板上选中"缩放""沿路径缩放"和"沿路径着色"复选框。

此时按 Enter 键观看动画效果，可以看到蝴蝶在沿路径运动时，基于路径的宽度和颜色进行缩放和着色，其中三帧的效果如图 5-34 所示。

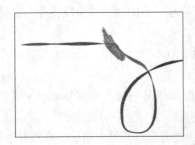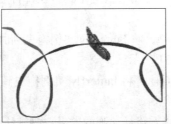

图 5-34　沿路径缩放和着色效果

5.6　遮罩动画

遮罩效果常用在探照灯和滚动字幕等效果中，只在某个特定的位置显示图像，其他部位不显示，起遮罩作用的图层被称为遮罩图层。

遮罩图层与其他图层一样可以在帧中绘图，但只在有图形的位置才有遮罩效果，没有图像的区域什么也不显示，但遮罩图层里的图像不会显示，只起遮罩作用。

下面通过两个实例来介绍遮罩动画的制作方法。

5.6.1　划变效果

（1）新建一个 ActionScript 3.0 文档，选择"文本工具" **T**，在"属性"面板上设置字体为华文行楷，字号为 140，颜色为橙色，在舞台上输入文本"你好"。

（2）选择"插入"/"时间轴"/"图层"命令添加一个新的图层，使用"文本工具"在舞台上输入"Hello"，字体为 Forte，大小为 100，颜色为蓝色，且与文本"你好"重合，重合效果如图 5-35 所示。

（3）选择"插入"/"时间轴"/"图层"命令增加两个新的图层。

（4）选择"图层 3"的第 1 帧，使用"矩形工具"绘制一个矩形，然后使用"钢笔工具"单击矩形边线，在上边线中央添加一个路径点。选择"部分选取工具" **▶**，向下拖动添加的路径点，绘制一个如图 5-36 所示的图形，要求完全覆盖下面的文字。

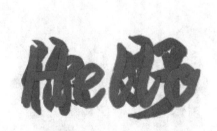

图 5-35　文本组合效果图　　　　　图 5-36　"图层 3"中的遮罩

（5）选择"图层 4"的第 1 帧，按照第（4）步的方法绘制一个如图 5-37 所示的图形，与"图层 3"中的图形构成一个长方形。

（6）选择"图层 3"的第 1 帧，执行"修改"/"转换为元件"命令，将该帧内容转换为图形元件"元件 1"。

（7）选择"图层 4"的第 1 帧，执行"修改"/"转换为元件"命令，将该帧内容转换为图形元件"元件 2"。

（8）调整"图层 2"和"图层 3"的位置，使其调换位置。

（9）选择"图层 3"的第 25 帧，按 F6 键，转换为关键帧。

（10）分别选择"图层 1"和"图层 2"的第 25 帧，按 F5 键增加静止帧。

（11）调整"图层 3"第 25 帧中"元件 1"的位置，使其位于文本的下方，如图 5-38 所示。

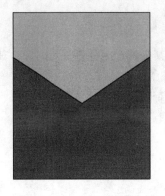

图 5-37　遮罩的组合

图 5-38　元件移动位置

（12）在"图层4"的第25帧插入关键帧，并调整第25帧中"元件2"的位置，使其与"图层3"中的元件相吻合，如图 5-39 所示。

（13）选中"图层3"上第1帧~第25帧中的任意一帧，单击鼠标右键，在弹出的快捷菜单中选择"创建传统补间"命令。同样的方法，在"图层4"上创建传统补间动画。

（14）鼠标右键单击"图层3"，在弹出的快捷菜单中选择"遮罩层"命令，设置该层为遮罩图层。同样的方法，将"图层4"也转换为遮罩图层。

（15）选择"控制"/"播放"命令观看动画效果。动画效果如图 5-40 所示。

图 5-39　另一个元件的移动位置

图 5-40　动画效果

5.6.2　百叶窗效果

（1）新建一个 ActionScript 3.0 文件，选择"文件"/"导入"/"导入到舞台"命令导入一幅图像，执行"修改"/"分离"命令将其打散，效果如图 5-41 所示。

（2）选择"椭圆工具" ，设置"椭圆工具"的填充颜色无，按住 Shift 键在打散的图形上绘制一个圆形。选中圆形，执行"编辑"/"复制"命令，复制圆形。该图形将用在另一个图层中。

（3）单击"选择工具" ，选中圆形边框外的部分，如图 5-42 所示。选择"编辑"/"清除"命令，清除圆形边框外的部分。效果如图 5-43 所示。

（4）选择"插入"/"时间轴"/"图层"命令，增加一个新的图层。选择"文件"/"导入"/"导入到舞台"命令导入一个图像，执行"修改"/"分离"命令将其打散，效果如图 5-44 所示。

图 5-41 打散的效果图

图 5-42 选择的效果图

图 5-43 百叶窗的一面

图 5-44 图形打散的效果图

（5）执行"编辑"/"粘贴到当前位置"命令，将第（2）步复制的圆粘贴到舞台上。

用户也可以直接选择椭圆工具，在属性面板上设置填充颜色无，在打散的图形上绘制一个圆形，要注意，该圆形要与第（2）步中绘制的圆形大小、位置相同。

（6）单击"选择工具"，选中圆形边框外的部分，选择"编辑"/"清除"命令，清除圆形边框外的部分。效果如图 5-45 所示。

（7）选择"插入"/"时间轴"/"图层"命令增加一个新的图层，用"矩形工具"绘制一个矩形，刚好遮住圆形的下部分，矩形宽度略大于圆的直径，效果如图 5-46 所示。

图 5-45 百叶窗的另一面

图 5-46 增加百叶窗页的效果图

（8）选中第（7）步绘制的矩形，执行"修改"/"转换为元件"命令，将矩形转换成一个图形元件，命名为"元件 1"。

（9）选择"插入"/"新建元件"命令创建一个影片剪辑元件，命名为"元件 2"。

（10）在"库"窗口中把"元件 1"拖放到"元件 2"的编辑窗口中。

（11）选择第 15 帧，按 F6 键添加关键帧，选择"修改"/"变形"/"任意变形"命令，将矩形变形为一条横线。

（12）在第 25、40 帧按 F6 键增加关键帧，并把第 1 帧的内容复制到第 40 帧。分别在第 1 帧～第 15 帧之间、第 25 帧～第 40 帧之间单击鼠标右键，在弹出的快捷菜单中选择"创建传统补间"命令，创建动画效果。此时的时间轴如图 5-47 所示。

图 5-47　百叶窗页的时间轴

（13）单击"返回场景"按钮 ← 返回主场景，删除舞台上的元件 1，从"库"面板中拖动"元件 2"到舞台上，移动到如图 5-46 所示的位置。鼠标右键单击"图层 3"，在弹出的快捷菜单中选择"遮罩图层"命令。效果如图 5-48 所示。

（14）选择"插入"/"时间轴"/"图层"命令新建一个图层。将"图层 2"和"图层 3"解除锁定后，将这两层中所有帧的内容完全复制，然后用鼠标右键单击"图层 4"的第一帧，选择"粘贴帧"命令，并把该层的矩形向上平移。

（15）同样的方法，对后面的图层逐层进行第（14）步操作，直到矩形上移离开圆形。动画效果如图 5-49 所示。

图 5-48　遮罩效果

图 5-49　某一时刻的动画效果

（16）单击图层面板上的"锁定所有图层"按钮，锁定所有图层，显示遮罩效果，如图 5-50 所示。

（17）选择"控制"/"播放"命令观看动画效果，图 5-51 所示为其中某一时刻的动画效果。

图 5-50　遮罩效果　　　　　　　　　图 5-51　某一时刻的动画效果

5.7　补间动画

补间动画是通过为一个帧中的对象属性指定一个值，为另一个帧中的相同属性指定另一个值创建的动画。在补间动画中，只有指定的属性关键帧的值存储在文件中。可以说，补间动画是一种在最大程度上减小文件大小的同时，创建随时间移动和变化的动画的有效方法。

可补间的对象类型包括影片剪辑、图形和按钮元件以及文本字段。可补间的对象的属性包括：2D X 和 Y 位置、3D Z 位置（仅限影片剪辑）、2D 旋转（绕 Z 轴）、3D X、Y 和 Z 旋转（仅限影片剪辑）、倾斜 X 和 Y、缩放 X 和 Y、颜色效果，以及滤镜属性。

在深入了解补间动画的创建方式之前，很有必要先掌握补间动画中的几个术语：补间范围和属性关键帧。

1）"补间范围"是时间轴中的一组帧，舞台上的对象的一个或多个属性可以随着时间而改变。补间范围在时间轴中显示为具有蓝色背景的单个图层中的一组帧。在每个补间范围中，只能对舞台上的一个对象进行动画处理。此对象称为补间范围的目标对象。

2）"属性关键帧"是在补间范围中为补间目标对象显式定义一个或多个属性值的帧。如果在单个帧中设置了多个属性，则其中每个属性的属性关键帧都会驻留在该帧中。用户可以在补间范围的右键快捷菜单中选择可在时间轴中显示的属性关键帧类型。

> **注意**："关键帧"和"属性关键帧"的概念有所不同。"关键帧"是指时间轴中物体运动或变化中的关键动作所处的帧。"属性关键帧"则是指在补间动画中定义了属性值的特定时间或帧。

下面通过一个简单实例演示补间动画的制作方法，步骤如下：

（1）新建一个 ActionScript 3.0 文档。执行"文件" / "导入" / "导入到舞台"菜单命令，在舞台上导入一幅位图作为背景，然后在第 30 帧按 F5 键，将帧延长到第 30 帧。

（2）新建一个图层。执行"文件" / "导入" / "导入到库"命令，导入一幅蝴蝶飞舞的 GIF 图片。

此时，在"库"面板中可以看到一个以导入的 GIF 文件名命名的文件夹，其中放置了按顺序命名的相关资源图片，以及自动生成的一个影片剪辑，如图 5-52 所示。

（3）在新建图层中选中第 1 帧，并从"库"面板中将影片剪辑拖放到舞台合适的位置。此时的舞台效果如图 5-53 所示。

图 5-52 "库"面板

图 5-53 舞台效果

（4）在第 1 帧 ~ 第 30 帧之间的任意一帧单击鼠标右键，在弹出的快捷菜单中选择"创建补间动画"命令。此时，时间轴上的区域变为了黄色，图层名称左侧显示图标，表示该图层为补间图层，如图 5-54 所示。

 注意：无法将运动引导层添加到补间图层。

图 5-54 时间轴效果

（5）在图层 2 的第 10 帧按 F6 键，增加一个属性关键帧。此时，第 10 帧会自动出现一个黑色菱形标识，表示属性关键帧。

（6）将舞台上的实例拖放到合适的位置，并选择"任意变形工具"，旋转元件实例到合适的角度，如图 5-55 所示。

此时，舞台上出现一条带有很多小点的线段，这条线段显示补间对象在舞台上移动时经过的路径。运动路径显示从补间范围的第一帧中的位置到新位置的路径，线段上的端点个数

图 5-55 旋转元件实例

代表帧数，本例中的线段上一共有 10 个端点，代表时间轴上的 10 帧。如果不是对位置进行补间，则舞台上不显示运动路径。

提示：单击属性面板右上角的选项菜单按钮▤，从中选择"显示所有运动路径"命令，可以在舞台上显示所有图层上的运动路径。在相互交叉的不同运动路径上设计多个动画时，显示路径非常有用。

用户可以使用"部分选取工具""钢笔工具"和"任意变形工具"以及"修改"菜单上的命令编辑舞台上的运动路径。

（7）选择绘图工具箱中的"选择工具"▶，将"选择工具"移到路径上的某个端点上时，鼠标指针右下角将出现一条弧线，表示可以调整路径的弯曲度。按下鼠标左键拖动到合适的角度，然后释放鼠标左键即可。如图 5-56 所示。

（8）将"选择工具"移到路径两端的端点上时，鼠标指针右下角将出现两条折线。按下鼠标左键拖动，即可调整路径的起点位置。如图 5-57 所示。

图 5-56　调整路径的弯曲度　　　　　　　　　　图 5-57　调整路径

使用"部分选取工具"也可以对线段进行弧线角度的调整，如调整弯曲角度。

（9）在绘图工具箱中选中"部分选取工具"，单击线段两端的顶点，线段两端就会出现控制手柄，按下鼠标左键拖动控制柄，就可以改变运动路径弯曲的程度，如图 5-58 所示。

（10）在图层 2 的第 20 帧单击鼠标右键，在弹出的快捷菜单中选择"插入关键帧"命令，并在其子菜单中选择一个属性，例如，位置。

（11）拖动实例到舞台上合适的位置，并使用"任意变形工具"调整实例的角度和大小。

（12）单击图层 2 的第 25 帧，将舞台上的实例拖动到另一个位置。此时，时间轴上的第 25 帧会自动增加一个关键帧。在图层 2 的第 25 帧单击鼠标右键，在弹出的快捷菜单中选择"插入关键帧"命令，并在其子菜单中选择"缩放"命令。然后使用"任意变形工具"调整实例的大小。执行"插入关键帧"/"旋转"命令，在第 25 帧新增一个属性关键帧，然后使用"任意变形工具"调整实例的旋转角度，此时的舞台效果如图 5-59 所示。

（13）保存文档，按 Enter 键测试动画效果。可以看到蝴蝶实例将沿路径运动。此时，如果在时间轴中拖动补间范围的任一端，可以缩短或延长补间范围。

图 5-58　调整路径的弯曲度

图 5-59　舞台效果

为了更好地观察运动效果，可以执行"修改"/"文档"命令，在弹出的"文档设置"对话框中将帧频设置为 8fps。

补间图层中的补间范围只能包含一个元件实例。将第二个元件实例添加到补间范围将替换补间中的原始元件。用户还可从补间图层删除元件，而不必删除或断开补间。这样，以后可以将其他元件实例添加到补间中。

如果要将其他补间添加到现有的补间图层，可执行以下操作之一：

- 将一个空白关键帧添加到图层，将各项添加到该关键帧，然后补间一个或多个项。
- 在其他图层上创建补间，然后将范围拖到所需的图层。
- 将静态帧从其他图层拖到补间图层，然后将补间添加到静态帧中的对象。
- 在补间图层上插入一个空白关键帧，然后通过从库面板中拖动对象或从剪贴板粘贴对象，向空白关键帧中添加对象。随后即可将补间添加到此对象。

如果要一次创建多个补间，可将多个可补间对象放在多个图层上，并选择所有图层，然后执行"插入"/"补间动画"命令。

5.7.1　使用属性面板编辑属性值

创建补间动画之后，使用属性面板可以编辑当前帧中补间的任何属性值。操作步骤如下：

（1）将播放头放在补间范围内要指定属性值的帧中，然后单击舞台上要修改属性的补间实例。

（2）打开补间实例的属性面板，设置实例的非位置属性（例如，缩放、Alpha 透明度和倾斜等）的值。

（3）修改完成之后，拖拽时间轴中的播放头，在舞台上查看补间。

此外，读者还可以在属性面板上设置动画的缓动。通过对补间动画应用缓动，可以轻松地创建复杂动画，而无需创建复杂的运动路径。例如，自然界中的自由落体、行驶的汽车。

（4）在时间轴上或舞台上的运动路径中选择需要设置缓动的补间，然后切换到如图 5-60 所示的属性面板。

图 5-60　补间动画的属性面板

（5）在"缓动"文本框中键入需要的强度值。如果为负值，则运动越来越快；如果为正值，则运动越来越慢。

在属性面板中应用的缓动将影响补间中包括的所有属性。

（6）在"路径"区域修改运动路径在舞台上的位置。

编辑运动路径最简单的方法，是在补间范围的任何帧中移动补间的目标实例。在属性面板中设置 X 和 Y 值，也可以移动路径。

> **注意：** 若要通过指定运动路径的位置来移动补间目标实例和运动路径，则应同时选择这两者，然后在属性面板中输入 X 和 Y 位置。若要移动没有运动路径的补间对象，则选择该对象，然后在属性面板中输入 X 和 Y 值。

（7）在"旋转"区域设置补间实例的旋转方式。选中"调整到路径"选项，可以使目标实例相对于路径的方向保持不变进行旋转。

5.7.2 应用动画预设

动画预设是 Animate 中预配置的补间动画。使用"动画预设"面板可导入他人制作的预设，或将自己制作的预设导出，与协作人员共享。使用预设可极大节约项目设计和开发的时间，特别是在需要经常使用相似类型的补间动画的情况下。

> **注意：** 动画预设只能包含补间动画。传统补间和形状补间动画不能保存为动画预设。

执行"窗口"/"动画预设"菜单命令，或直接单击浮动面板组中的图标 ，即可打开"动画预设"面板，如图 5-61 所示。

在舞台上选中了可补间的对象（元件实例或文本字段）后，单击"动画预设"面板右下角的"应用"按钮，即可应用预设。每个对象只能应用一个预设。如果将第二个预设应用于相同的对象，则第二个预设将替换第一个预设。

需要注意的是，包含 3D 动画的动画预设只能应用于影片剪辑实例。已补间的 3D 属性不适用于图形或按钮元件，也不适用于文本字段。可以将 2D 或 3D 动画预设应用于任何 2D 或 3D 影片剪辑。

如果创建了自己的补间，或对"动画预设"面板中的补间进行了更改，可将它另存为新的动画预设。新预设将显示在"动画预设"面板中的"自定义预设"文件夹中。

若要将自定义补间另存为预设，执行下列操作：

图 5-61 "动画预设"面板

（1）在时间轴上选中补间范围，或在舞台上选择路径，或应用了自定义补间的对象。

（2）单击"动画预设"面板左下角的"将选区另存为预设"按钮 ，或从选定内容的快捷菜单中选择"另存为动画预设"命令。Animate 会将预设另存为 XML 文件，存储在 \Program Files\Adobe\Adobe Animate 2024\Common\Configuration\Motion Presets\ 目录下。

如果要导入动画预设，可以单击"动画预设"面板右上角的选项菜单按钮▤，从中选择"导入"命令。如果选择"导出"命令，则可将动画预设导出为 XML 文件。

5.8　反向运动

所谓反向运动，是一种使用骨骼的关节结构，对一个对象或彼此相关的一组对象进行动画处理的方法。

在 Animate 中，可以向单独的元件实例或单个形状的内部添加骨骼。移动一个骨骼时，与启动运动的骨骼相关的其他连接骨骼也会移动，用户只需做很少的设计工作，就可以使元件实例或形状对象按复杂而自然的方式移动。此外，设计者可以为每一个关节设置弹性，从而创建出更逼真的反向运动效果。

Animate 包括两个用于处理 IK 的工具——骨骼工具🦴和绑定工具🔗。使用骨骼工具🦴可以向元件实例或形状添加骨骼；使用绑定工具🔗可以调整形状对象的各个骨骼和控制点之间的关系。

5.8.1　骨骼工具

在 Animate 中可以按两种方式使用 IK。

（1）用关节连接一系列的元件实例。例如，用一组影片剪辑分别表示人体的不同部分，通过骨骼将躯干、上臂、下臂和手链接在一起，可以创建逼真移动的胳膊。

（2）在单个形状对象的内部添加骨架。通过骨骼，可以移动形状的各个部分并进行动画处理，而无需绘制形状的不同版本或创建补间形状。例如，可以在蛇的形状中添加骨架，创建蛇的爬行动画。

在向元件实例或形状添加骨骼时，Animate 将实例或形状以及关联的骨架移动到时间轴中的新图层，此图层称为骨架图层。每个骨架图层只能包含一个骨架及其关联的实例或形状。通过在不同帧中为骨架定义不同的姿势，从而创建动画效果。

1. 向元件实例添加骨骼

在 Animate 中，可以向影片剪辑、图形和按钮实例添加 IK 骨骼。操作步骤如下：

（1）在舞台上创建元件实例，并在舞台上排列实例。

（2）在绘图工具箱中选择骨骼工具🦴，并单击要成为骨架的根部或头部的元件实例。然后按下鼠标左键拖动到其他的元件实例，将其链接到根实例。

在拖动时，将显示骨骼。释放鼠标后，在两个元件实例之间将显示实心的骨骼。每个骨骼都具有头部、圆端和尾部（尖端），如图 5-62 左图所示。

骨架中的第一个骨骼是根骨骼。它显示为一个圆围绕骨骼头部。默认情况下，Animate 将每个元件实例的变形点移动到由每个骨骼连接构成的连接位置。对于根骨骼，变形点移动到骨骼头部。对于分支中的最后一个骨骼，变形点移动到骨骼的尾部。当然，用户也可以在"首选参数"/"编辑首选参数"/"绘制"对话框中取消选中"IK 骨骼工具"右侧的"自动设置变形点"复选框，禁用变形点的自动移动。

（3）从第一个骨骼的尾部拖动到要添加到骨架的下一个元件实例，添加其他骨骼，如图 5-62 右图所示。

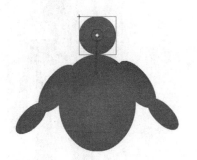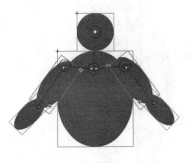

图 5-62　添加骨骼

（4）按照要创建的父子关系的顺序，将对象与骨骼链接在一起。例如，如果要向表示胳膊的一系列影片剪辑添加骨骼，则绘制从肩部到肘部的第一个骨骼、从肘部到手腕的第二个骨骼以及从手腕到手部的第三个骨骼。

若要创建分支骨架，则单击希望分支开始的骨骼的头部，然后拖动以创建新分支的第一个骨骼。

　注意：分支不能连接到其他分支（其根部除外）。

创建 IK 骨架后，在骨架中拖动骨骼或元件实例，可以重新定位实例。拖动骨骼会移动其关联的实例，但不允许它相对于其骨骼旋转。拖动实例允许它移动，以及相对于其骨骼旋转。拖动分支中间的实例可导致父级骨骼通过连接旋转而相连。子级骨骼在移动时没有连接旋转。

2. 向形状添加骨骼

使用 IK 骨架的第二种方式是使用形状对象。每个实例只能具有一个骨骼，而对于形状，可以在单个形状的内部添加多个骨骼。

向形状添加骨骼的操作步骤如下：

（1）在舞台上创建填充的形状，如图 5-63 所示。

（2）在舞台上选择整个形状。

如果形状包含多个颜色区域或笔触，要确保选择整个形状。

注意：在添加第一个骨骼之前必须选择所有形状。将骨骼添加到所选内容后，Animate 将所有的形状和骨骼转换为 IK 形状对象，并将该对象移动到新的骨架图层。将形状转换为 IK 形状后，不能再与 IK 形状之外的其他形状合并。

（3）在绘图工具箱中选择"骨骼工具"，然后在形状内单击并拖动到形状内的其他位置。

形状变为 IK 形状后，就无法再向其添加新笔触了。但仍可以向形状的现有笔触添加控制点或从中删除控制点。

（4）从第一个骨骼的尾部拖动到形状内的其他位置，添加其他骨骼。添加骨骼后的效果如图 5-64 所示。

图 5-63　创建的填充形状

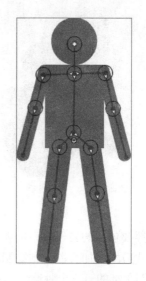

图 5-64　添加骨骼

> **提示**：创建骨骼之后，若要从某个 IK 形状或元件骨架中删除所有骨骼，可以选择该形状或该骨架中的任何元件实例，然后执行"修改"/"分离"命令，IK 形状将还原为正常形状。

若要移动 IK 形状内骨骼任一端的位置，可以使用"部分选取工具" ▶ 拖动骨骼的一端。

若要移动元件实例内骨骼连接、头部或尾部的位置，可以使用"变形"面板移动实例的变形点。骨骼将随变形点移动。

若要移动骨架，可以使用"部分选取工具" ▶ 选择 IK 形状对象，然后拖动任何骨骼移动。或者在如图 5-65 所示的属性面板中编辑 IK 形状。

下面对属性面板中常用的选项工具进行简要说明。

● ← → ↑ ↓ ：使用"部分选取工具" ▶ 选中一个骨骼之后，单击这组按钮，可以将所选内容移动到相邻骨骼。

若要选择骨架中的所有骨骼，则双击某个骨骼。

若要选择整个骨架并显示骨架的属性及骨架图层，单击骨架图层中包含骨架的帧。

● 位置：显示选中的 IK 形状在舞台上的位置、长度和角度。

若要限制选定骨骼的运动速度，则在"速度"字段中输入一个值。最大值 100% 表示对速度没有限制。

若要创建 IK 骨架的更多逼真运动，可以控制特定骨骼的运动自由度。例如，可以约束作为胳膊一部分的两个骨骼，以便肘部无法按错误的方向弯曲。

● 关节：旋转：约束骨骼的旋转角度。

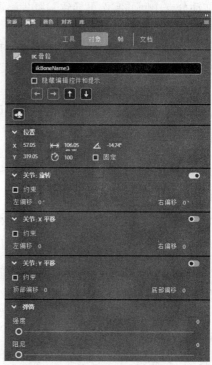

图 5-65　IK 骨骼的属性面板

旋转度数相对于父级骨骼而言。单击右侧开关按钮![]／![]，启用该选项，在骨骼连接的顶部将显示一个指示旋转自由度的弧形，如图 5-66 左图所示。

若要使选定的骨骼相对于其父级骨骼固定，则禁用旋转以及 X 和 Y 轴平移。骨骼将不能弯曲，并跟随其父级的运动。

- 关节：X 平移／关节：Y 平移：单击右侧开关按钮![]／![]，启用该选项，可以使选定的骨骼沿 X 或 Y 轴移动，并更改父级骨骼的长度。

启用该选项之后，选中骨骼，将显示一个垂直于（或平行于）骨骼的双向箭头，指示已启用 X 轴运动（或已启用 Y 轴运动），如图 5-67 所示。如果对骨骼同时启用了 X 平移和 Y 平移，则对该骨骼禁用旋转时，定位更容易。

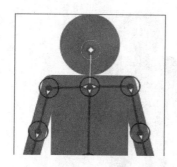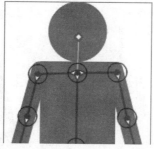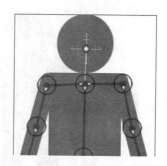

图 5-66　禁用旋转前后　　　　　　　　　图 5-67　启用 X/Y 平移

选中"约束"选项，然后输入骨骼可以行进的最小距离和最大距离，可以限制骨骼沿 X 或 Y 轴启用的运动量。

"弹簧"选项是对物理引擎的支持功能，利用该功能，设计师不需写一行代码就可为动画添加物理效果。

- 强度：设置弹簧强度。值越高，创建的弹簧效果越强。
- 阻尼：设置弹簧效果的衰减速率。值越高，弹簧属性减小得越快，动画结束得越快。
  如果值为 0，则弹簧属性在姿势图层的所有帧中保持其最大强度。

读者要注意的是，在使用弹簧属性时，强度、阻尼、姿势图层中姿势之间的帧数、姿势图层中的总帧数、姿势图层中最后姿势与最后一帧之间的帧数等因素，将影响骨骼动画的最终效果。调整其中每个因素可以达到所需的最终效果。

5.8.2　绑定工具

根据 IK 形状的配置，读者可能会发现，在移动骨架时，形状的笔触并不按令人满意的方式进行扭曲。使用绑定工具![]，可以编辑单个骨骼和形状控制点之间的连接，从而可以控制每个骨骼移动时笔触扭曲的方式。

在 Animate 中，可以将多个控制点绑定到一个骨骼，以及将多个骨骼绑定到一个控制点。使用绑定工具![]单击控制点或骨骼，将显示骨骼和控制点之间的连接。然后可以按各种方式更改连接。

若要加亮显示已连接到骨骼的控制点，使用绑定工具![]单击该骨骼。已连接的点以黄色加亮显示，而选定的骨骼以红色加亮显示。仅连接到一个骨骼的控制点显示为方形；连接到多个骨骼的控制点显示为三角形，如图 5-68 所示。

若要向选定的骨骼添加控制点，可以按住 Shift 键并单击未加亮显示的控制点；也可以按住 Shift 键的同时拖动要添加的控制点。

若要从骨骼中删除控制点，可以按住 Ctrl 键的同时单击以黄色加亮显示的控制点；也可以按住 Ctrl 键的同时拖动要删除的控制点。

使用"绑定工具" 🔗 单击控制点，可以加亮显示已连接到该控制点的骨骼。已连接的骨骼以黄色加亮显示，而选定的控制点以红色加亮显示，如图 5-69 所示。

若要向选定的控制点添加其他骨骼，按住 Shift 键单击骨骼。

若要从选定的控制点中删除骨骼，按住 Ctrl 键的同时单击以黄色加亮显示的骨骼。

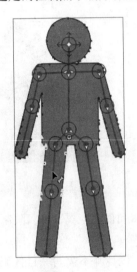

图 5-68　显示骨骼和控制点

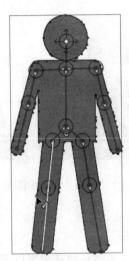

图 5-69　选定控制点已连接的骨骼

5.8.3　创建反向运动

IK 骨架存在于时间轴中的骨架图层上。对 IK 骨架进行动画处理的方式与 Animate 中的其他对象不同。对于骨架，只需向骨架图层添加帧并在舞台上重新定位骨架，即可创建关键帧，骨架图层中的关键帧称为姿势。由于 IK 骨架通常用于动画目的，因此每个骨架图层都自动充当补间图层。

若要在时间轴中对骨架进行动画处理，可鼠标右键单击骨架图层中的帧，在弹出的快捷菜单中选择"插入姿势"命令插入姿势，使用选取工具更改骨架的配置。Animate 将在姿势之间的帧中自动内插骨骼的位置。

下面通过一个简单实例演示在时间轴中对骨架进行动画处理的一般步骤。该实例演示一个卡通娃娃跳舞的姿势。

（1）新建一个 ActionScript 3.0 文件，创建一个卡通娃娃身体各部件的元件，并在舞台上排列配置，如图 5-70 所示。

（2）利用骨骼工具添加骨骼，如图 5-71 所示。

（3）在时间轴中，鼠标右键单击骨架图层中的第 15 帧，然后在弹出的快捷菜单中选择"插入帧"命令。此时，时间轴上的骨架图层将显示为绿色。

图 5-70　排列配置实例

图 5-71　添加骨骼

（4）执行下列操作之一，向骨架图层中的帧添加姿势：

● 将播放头放在要添加姿势的帧上，然后在舞台上重新定位骨架。

● 鼠标右键单击骨架图层中的帧，然后在弹出的快捷菜单中选择"插入姿势"命令。

● 将播放头放在要添加姿势的帧上，然后按 F6 键。

Animate 将向当前帧中的骨架图层插入姿势。此时，第 15 帧将出现一个黑色的菱形，该图形标记指示新姿势。

（5）在舞台上按下 Alt 键的同时，移动卡通娃娃的右腿，调整姿式，此时骨骼的长度也将自动进行调整，如图 5-72 所示。用户也可以在属性面板中调整骨骼长度。

（6）在骨架图层中插入其他帧，并添加其他姿势，以完成满意的动画。如图 5-73 所示。

图 5-72　移动骨骼

图 5-73　调整姿式

（7）保存并预览动画效果。

如果要在时间轴中更改动画的长度，可以将骨架图层的最后一个帧向右或向左拖动，以添加或删除帧。Animate 将依照图层持续时间更改的比例重新定位姿势帧。

使用姿势向 IK 骨架添加动画时，还可以调整帧中围绕每个姿势的动画的速度。通过调整速度，可以创建更为逼真的运动。控制姿势帧附近运动的加速度称为缓动。例如，在移动腿时，在运动开始和结束时腿会加速或减速。通过在时间轴中向 IK 骨架图层添加缓动，可以在每个姿势帧前后使骨架加速或减速。

向骨架图层中的帧添加缓动的步骤如下：

（1）单击骨架图层中两个姿势帧之间的帧。

应用缓动时，它会影响选定帧左侧和右侧的姿势帧之间的帧。如果选择某个姿势帧，则缓动将影响图层中选定的姿势和下一个姿势之间的帧。

（2）在属性面板的"缓动"下拉列表中选择缓动类型，如图5-74所示。

可用的缓动包括四个简单缓动和四个停止并启动缓动。"简单"缓动降低紧邻上一个姿势帧之后的帧中运动的加速度，或紧邻下一个姿势帧之前的帧中运动的加速度。缓动的"强度"属性可控制缓动的影响程度。

"停止并启动"缓动减缓紧邻之前姿势帧后面的帧，以及紧邻图层中下一个姿势帧之前的帧中的运动。这两种类型的缓动都具有"慢""中""快"和"最快"四种形式。

（3）在属性面板中，为缓动强度输入一个值。

默认强度是0，表示无缓动。最大值是100，表示缓动效果越来越强，在下一个姿势帧之前的帧缓动效果最明显。最小值是−100，表示缓动效果越来越弱，在上一个姿势帧之后的帧缓动效果最明显。

（4）完成后，在舞台上预览动画。

将骨架转换为影片剪辑或图形元件以实现其他补间效果的操作步骤如下：

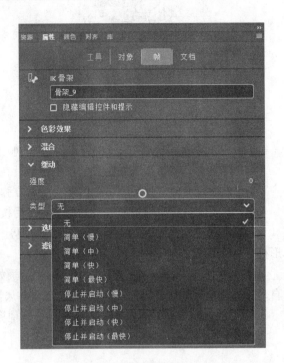

图5-74　选择缓动类型

（1）选择IK骨架及其所有的关联对象。

对于IK形状，只需单击该形状即可。对于链接的元件实例集，可以在时间轴中单击骨架图层。

（2）鼠标右键单击所选内容，然后在弹出的快捷菜单中选择"转换为元件"命令。

（3）在弹出的"转换为元件"对话框中输入元件的名称，并从"类型"下拉菜单中选择"影片剪辑"或"图形"。然后单击"确定"按钮关闭对话框。

提示：IK骨架图层不同于补间图层，无法在骨架图层中对除骨骼位置以外的属性进行补间。若要将补间效果应用于除骨骼位置之外的IK对象属性（如位置、变形、色彩效果或滤镜），可将骨架及其关联的对象包含在影片剪辑或图形元件中。然后使用"插入"/"补间动画"命令进行动画处理。

此时，Animate将创建一个元件，该元件的时间轴包含骨架的骨架图层。现在，即可以向舞台上的新元件实例添加补间动画效果。

5.9　在动画中加入声音

本节主要讲述如何在动画中加入声音。声音可以先加入到声音图层中，然后根据需要分配声音并进行属性设置。

5.9.1　添加声音

在 Animate 动画文件中添加声音时，必须先创建一个声音图层，才能在该图层中添加声音。可以把声音放在任意多的图层上，在播放影片时，所有图层上的声音都将回放。但是在同一段时间，一个图层只能存放一段声音，这样可以防止声音在同一图层内相互叠加。每个声音类似一个声道，当动画播放时所有的声音图层都将自动合并。

在影片中加入声音的操作步骤如下：

（1）选择"文件"/"导入"/"导入到库"命令将声音导入到"库"面板中。

Animate 2024 可以直接将音频文件从"库"面板中拖放到某个图层，或选择"文件"/"导入"/"导入到舞台"命令导入到时间轴中。

（2）选择"插入"/"时间轴"/"图层"命令，为声音创建一个图层。

（3）单击选择声音图层上预定开始播放声音的帧，然后调出属性设置面板。

（4）在"声音"区域的"名称"下拉列表框中选择要置于当前图层的声音文件。如果需要的声音文件未在列表中显示，则需要先导入它。

如果不需要对声音进行设置和编辑，Animate 还提供了加入声音的快捷方式：将声音图层变为当前图层，从"库"面板中把声音文件拖到舞台上，Animate 将按默认的设置把声音置于当前帧。

（5）在"效果"下拉列表框中选择一种声音效果，用来进行声音的控制。

- "无"：对声音文件不加入任何效果，选择该项可取消以前设定的效果。
- "左声道"：表示声音只在左声道播放声音，右声道不发声。
- "右声道"：表示声音只在右声道播放声音，左声道不发声。
- "向右淡出"：使声音的播放从左声道移到右声道。
- "向左淡出"：使声音的播放从右声道移到左声道。
- "淡入"：在声音播放期间逐渐增大音量。
- "淡出"：在声音播放期间逐渐减小音量。
- "自定义"：自定义声音效果。

（6）在"同步"下拉列表框中确定声音播放的时间。

- "事件"：把声音与某一事件的发生同步起来。
- "开始"：该选项与"事件"唯一不同的地方在于，在声音的起始帧若有其他声音播放，则不播放该声音。
- "停止"：使指定声音不播放。
- "数据流"：使声音与影片在 Web 站点上的播放同步。

（7）在"声音循环"文本框中输入数字用于指定声音重复播放的次数。如果希望声音不停地播放，在"声音循环"列表中选择"循环"。

5.9.2　编辑声音

在本小节中将介绍如何使用"编辑封套"对话框中的工具对声音的起点和终点以及播放时的音量进行设置。

1. 定义声音的起点和终点

Animate 可以改变声音的起始点和结束点。在"编辑封套"对话框的声音面板中进行声音编辑控制可定义声音的起始播放点，控制播放时声音的音量。

在声音对应的属性设置面板上单击"编辑声音封套"按钮![按钮]，打开"编辑封套"对话框，如图 5-75 所示。

该对话框中有两个波形图，它们分别是左声道和右声道的波形。在左声道和右声道之间有一条分隔线，分隔线上左右两侧各有一个控制手柄，分别是声音的开始滑块和声音的结束滑块，拖动手柄可以分别改变声音的起点和终点。

定义声音的起点和终点的操作步骤如下：

（1）在某一帧中加入声音，或选择一个包含声音的帧。

（2）在属性设置面板的"声音"区域的"名称"下拉列表中选择要定义起点和终点的声音文件。

（3）单击属性设置面板中的"编辑声音封套"按钮![按钮]，打开"编辑封套"对话框。

（4）拖动分隔线左侧声音的开始滑块，确定声音的起点。

（5）拖动分隔线右侧声音的结束滑块，确定声音的终点，如图 5-76 所示。

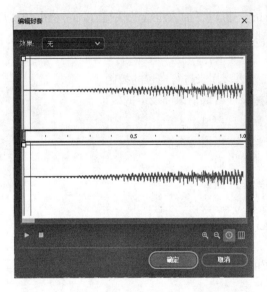

图 5-75　"编辑封套"对话框

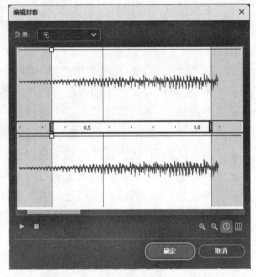

图 5-76　定义声音的起点和终点

定义声音的起点和终点后，对声音的操作都是针对声音的开始滑块和声音的结束滑块之间的声音，这两个滑块之外的声音将从动画文件中删除。

2. 调节声音的幅度

在 Animate 中可以对声音的幅度进行比较细腻的调整。在"编辑封套"对话框中的声道波形的上方还有一条直线，用于调节声音的幅度，称为幅度线。在幅度线上还有两个声音幅度调节点，拖动调节点可以调整幅度线的形状，从而达到调节某一段声音的幅度。

当声音文件被导入 Animate 后，用户可以通过打开"编辑封套"/"效果"下拉菜单，从中选择各个选项，然后就可以看到幅度线上调节点的相应改变，如图 5-77 所示的就是右声道效果图、图 5-78 所示的就是声音从右到左的效果图、图 5-79 所示就是声音淡入的效果图。

使用 2 个或 4 个声音幅度调节点只能简单地调节声音的幅度，对于比较复杂的音量效果，声音调节点的数量还需要进一步增加。如果要添加声音调节点，单击幅度线即可。如在幅度线上单击 7 次，将左、右声道上各添加 7 个声音调节点，如图 5-80 所示。

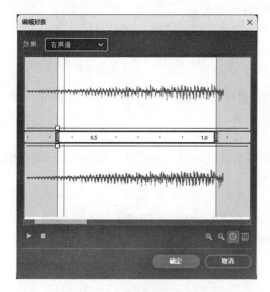

图 5-77　右声道效果图

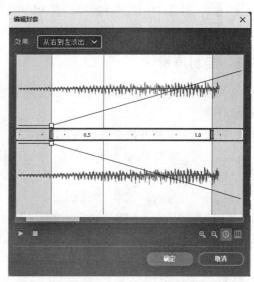

图 5-78　声音从右到左效果图

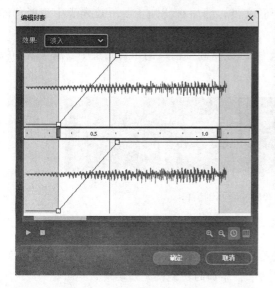

图 5-79　声音淡入的效果图

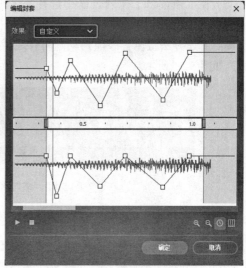

图 5-80　添加声音调节点

注意：声音调节点的数量不能够无限制地增加，最多只能有 8 个声音调节点，如果用户试图添加多于 8 个声音调节点时，Animate 将忽略用户单击幅度线的操作。

3. 其他按钮的功能

在"编辑封套"对话框的下面还有6个按钮，它们的功能分别如下：

● ■：停止正在播放的声音。
● ▶：预听设置的声音。
● 🔍：放大声音的幅度线。
● 🔍：缩小声音的幅度线。
● 🕐：将窗口中的声音标尺设置为以时间"秒"为单位。
● ⠿：将窗口中的声音标尺设置为以"帧"为单位。

5.9.3 控制声音

给 Animate 动画文件配音常用的方式有两种：在指定关键帧开始或停止声音的播放、为按钮添加声音。

1. 在指定关键帧开始或停止声音的播放

指定关键帧开始或停止播放声音，使它与动画的播放同步，是编辑声音时最常用的操作。操作步骤如下：

（1）将声音导入到"库"面板中。

（2）选择"插入"/"时间轴"/"图层"命令，为声音创建一个图层。

（3）选择声音层上预定开始播放声音的帧，然后打开对应的属性面板。

（4）在"声音"下拉列表框中选择一个声音文件，然后在"同步"下拉列表中选择"事件"选项。

（5）在声音图层中声音结束处创建一个关键帧。

（6）在"声音"下拉列表框中选择一个声音文件，然后在"同步"下拉列表中选择"停止"选项。

按照上述方法将声音添加到动画内容之后，可以在时间轴窗口的声音图层中看到声音的幅度线，如图 5-81 所示。

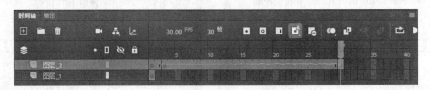

图 5-81　添加声音后的时间轴窗口

> 💡 **注意**：声音图层时间轴中的两个关键帧的长度不要超过声音播放的总长度，否则动画还没有播放到第 2 个关键帧，声音文件就已经结束，添加的功能就无法实现。

2. 为按钮添加声音

（1）打开一个 Animate 动画文件，并导入需要的声音文件。

（2）选择"插入"/"新建元件"命令，新建一个按钮元件。

（3）在元件编辑窗口中加入一个声音图层，在声音图层中为每个要加入声音的按钮状态创建一个关键帧。例如，若要使按钮在被单击时发出声音，可在按钮的"按下"帧添加一个关键帧。

（4）在创建的关键帧中加入声音，然后打开属性设置面板，在"同步"下拉列表框中选择声音对应的事件。设置完成后的时间轴如图 5-82 所示。

图 5-82　在按钮元件编辑窗口中添加声音图层

（5）添加声音后，选择"编辑"/"编辑文档"菜单命令，返回到场景编辑舞台。

（6）在"库"面板中将刚才创建的按钮拖曳到舞台上。

为了使按钮不同的关键帧中有不同的声音，可以把不同关键帧中的声音置于不同的层中，还可以在不同的关键帧中使用同一种声音，但使用不同的效果。

5.9.4　输出带声音的动画

在输出影片时，对声音设置不同的采样率和压缩比，对影片中声音播放的质量和大小影响很大。压缩比越大、采样率越低，会导致影片中声音所占空间越小、回放质量越差，因此这两方面应兼顾。

1. 设置声音的输出属性

在输出带声音的动画时，常常需要设置单个声音的输出属性，步骤如下：

（1）打开添加了声音的动画文件。

（2）在"库"面板中的声音文件上单击鼠标右键，打开快捷菜单。

（3）在快捷菜单中选择"属性"命令，调出"声音属性"对话框，如图 5-83 所示。

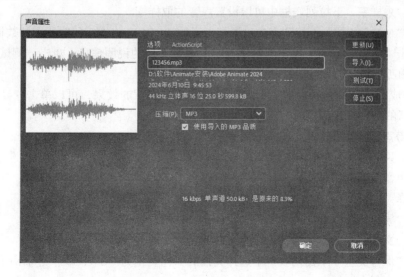

图 5-83　"声音属性"对话框

（4）在"压缩"下拉列表中选择压缩声音的格式。"压缩"下拉列表框有 5 个选项，选择"默认"时，表示使用 Animate 默认的动画发布设置压缩选择的声音文件；"MP3"选项表示允许以 MP3 格式对声音进行压缩，适合于输出较长的声音数据流；选择"ADPCM"，则将声音文件压缩成 16 位的声音数据，适合于输出短的事件声音；"RAW"选项表示把声音不经压缩就输出，用户可以对采样率和单双声道进行设置；"语音"表示把声音不经压缩就输出，用户可以对采样率进行设置。

（5）选择"ADPCM"选项后，在对话框的下方出现如图 5-84 所示的设置选项。

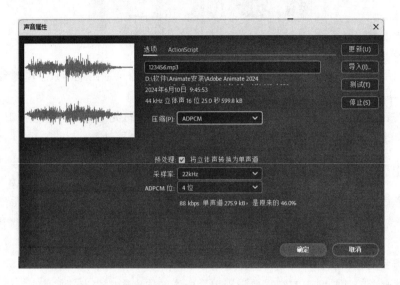

图 5-84　ADPCM 的设置选项

（6）选中"将立体声转换为单声道"复选框，可以使立体声变为单声道，对原本就是单声道的声音则没有影响。用这种方法可以将声音的数据量减少一半。

（7）在"采样率"下拉列表框中可以设置声音的取样率。

（8）在"ADPCM 位"下拉列表中设置把声音按 ADPCM 格式编码时所用的数据位数。

（9）单击"更新"按钮可以更新对话框中的声音文件的说明信息。单击"测试"按钮，可对声音进行预听。单击"停止"按钮，将中断整个测试过程。

（10）完成对声音的各种设置后，如果还不能达到满意的效果，可以单击"导入"按钮重新导入一个新的声音来代替当前的声音，并进行属性设置。

2. 输出带声音的动画

Animate 不但可以在动画中添加声音，而且可以将动画中的声音以多种格式进行输出。

输出带声音的动画的步骤如下：

（1）选择"文件"/"导出"/"导出影片"命令，调出"导出影片"对话框。

（2）在"导出影片"对话框中浏览到要保存文件的位置。

（3）在"文件名"文本框中输入影片文件的名称。

（4）在"保存类型"下拉列表框中选择文件的保存类型为"SWF 影片（*.swf）"。

（5）单击"保存"按钮。

5.10　发布 Animate 动画

Animate 文件格式遵循开放式标准，可被其他应用程序支持。除 Flash 播放文件格式（.swf）以外，还可以其他格式输出视频或静止图片，例如 GIF、JPEG、PNG 和 SVG 等。

利用"发布"命令不仅能生成动画，而且能根据动画内容生成用于浏览器中的图形，创建用于播放动画的 HTML 文档并控制浏览器的相应设置。本节介绍在网页制作中常用到的 HTML、GIF 和 JPEG 选项。

5.10.1　发布设置

在使用"发布"命令之前，应该使用"发布设置"命令进行有关设置。发布 Animate 动画的操作步骤如下：

（1）选择"文件"/"发布设置"菜单命令，弹出"发布设置"对话框，如图 5-85 所示。

（2）在对话框左侧区域指定要创建的文件格式，并在右侧区域设置相应选项。

（3）在"输出名称"文本框中输入文件名称。

如果要改变某种格式的设置，可选中该格式对应的复选框。

设置完成后可直接单击"发布"按钮，也可以单击"确定"按钮关闭对话框。

（4）选择"文件"/"发布"命令即可按指定设置生成所有指定格式的文件。

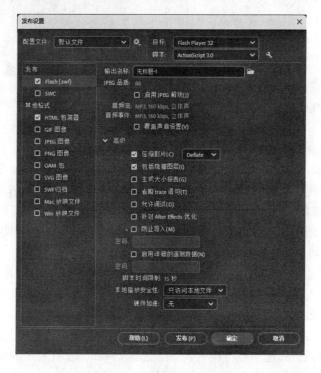

图 5-85　"发布设置"对话框

5.10.2　Flash（*.swf）选项

在"发布设置"对话框中选择"Flash"复选框，打开 Flash 设置选项，如图 5-85 所示。

各个选项的意义及功能简要介绍如下：

- "目标"：设置 Flash 作品的版本。
- "脚本"：设置动作脚本的版本为 ActionScript 3.0。

单击右侧的"ActionScript 设置"按钮![icon]，弹出"高级 ActionScript 3.0 设置"对话框，如图 5-86 所示，在其中可以添加、删除、浏览类的路径。

在"运行时共享库设置"部分的"预加载器方法"下拉列表中可以选择预加载器的类型。

> ➤ 预加载器 SWF：这是 Animate 2024 的默认设置值。Animate 在发布 SWF 文件时嵌入一个小型的预加载器 SWF 文件。在资源加载过程中，此预加载器会显示进度栏。

> ➤ 自定义预加载器循环：使用自己的预加载器 SWF。

![icon] **注意**：仅当"默认链接"设置为"运行时共享库 (RSL)"时，"预加载器方法"设置才可用。

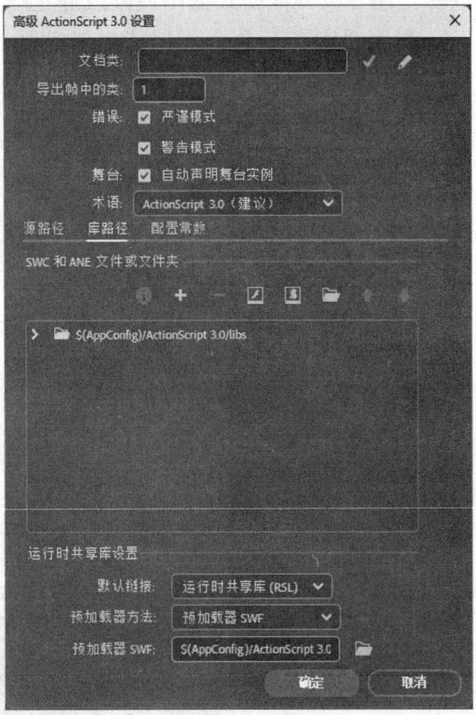

图 5-86　"高级 ActionScript3.0 设置"对话框

- "JPEG 品质"：该选项用于确定动画中所有位图以 JPEG 文件格式压缩时的压缩比。如果动画中不包含位图，那么该选项设置不起作用。
- "启用 JPEG 解块"：选中该选项可以减少低品质设置的失真。
- "音频流"和"音频事件"：这两个选项分别用于对导出的音频和音频事件的采样率和压缩比等方面进行设置。如果动画中没有声音流，该设置将不起作用。
- "覆盖声音设置"：动画中所有的声音都采用当前对话框中对声音所做的设置。如果要创建用于本地的声音保真度较高的动画，或用于网络的占用空间较小、声音保真度较低的动画，可选中此选项。
- "压缩影片"：该选项可以压缩动画，从而减小文件大小和下载时间。对于面向 Flash Player 11 或更高版本的 SWF，可使用 LZMA 压缩算法。这种压缩算法效率会提高多达 40%，特别是对于包含很多 ActionScript 或矢量图形的文件而言。
- "包括隐藏图层"：有选择地输出图层，如只发布没有隐藏的图层，或导出隐藏的图层。
- "生成大小报告"：选中该项将生成一个文本文件，该文件对于减少动画所占空间具有指导意义，内容是以字节为单位的动画各个部分占用空间的一个列表，名字与导出的动画相同，扩展名为".txt"。
- "省略 trace 语句"：选择该选项可以使 Animate 忽略当前动画中的 trace 语句，打开一个输出窗口，显示动画的某些信息。
- "允许调试"：允许远程调试输出的作品。为了安全起见，可以在下面的"密码"文本框中输入一个密码，用来保护作品不被他人随意调试。

- "防止导入"：选中该项，则动画播放文件不能被下载并导入到 Animate 中。
- "密码"：如果选中了"防止导入"，可在"密码"文本框中输入密码，其他用户必须输入该密码才能导入 SWF 文件。若要删除密码，清空"密码"文本框即可。
- "启用详细的遥测数据"：选中该选项之后，Adobe Scout 将记录 SWF 文件详细的遥测数据，用户可查看这些数据，并根据这些数据对应用程序进行性能分析。
- "脚本时间限制"：设置脚本在 SWF 文件中执行时可占用的最大时间量。Flash Player 将取消执行超出此限制的任何脚本。
- "本地播放安全性"：选择要使用的 Flash 安全模型。
- "硬件加速"：使 SWF 文件能够使用硬件加速的模式。

"第 1 级—直接"模式允许 Flash Player 在屏幕上直接绘制，而不是让浏览器进行绘制，从而改善播放性能。

"第 2 级—GPU"模式允许 Flash Player 利用图形卡的可用计算能力执行视频播放，并对图层化图形进行复合。如果预计您的受众拥有高端图形卡，则可以使用此选项。

5.10.3　HTML 包装器

如果需要在 Web 浏览器中放映 Flash 动画，必须创建一个用来启动该动画，并对浏览器进行相关设置的 HTML 文档。使用"发布"命令可以创建所需的 HTML 文档。

HTML 文档中的参数可确定动画在窗口中的演示位置、背景颜色和尺寸等。在"发布设置"对话框中，单击选择"HTML 包装器"复选框，即可进行相关的设置，如图 5-87 所示。

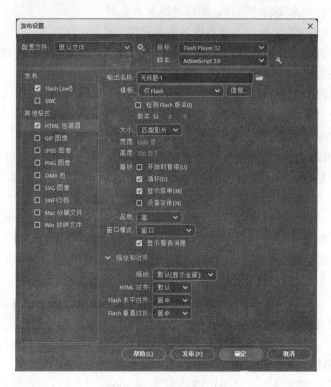

图 5-87　HTML 选项卡

该选项卡中各个选项的意义及功能如下：

- "模板"：用于指定使用的模板类型。所有下拉列表框中列出的模板对应的文件都在 Animate 安装路径下的 HTML 子文件夹中。

- 信息 按钮：单击该按钮弹出"HTML 模板信息"对话框，显示当前选定模板的相关描述。

Animate 将依据嵌入的动画和选择的模板为生成的文档命名，文档的名称为嵌入的动画的名称，扩展名与原模板相同。

- "大小"：该选项用于设置 OBJECT 或 EMBED 标签的宽度和高度值的度量单位。该选项的下拉列表中有以下 3 个选项：
  - ➤ "匹配影片"：该选项是系统默认的选项，使度量单位与动画的度量单位相同。
  - ➤ "像素"：该选项允许用户指定以像素为单位的宽度和高度值。
  - ➤ "百分比"：该选项允许用户指定相对于浏览器窗口的宽度和高度的百分数。

- "播放"：该选项组用于设置 OBJECT 或 EMBED 标签中的循环、播放、菜单和设备字体方面的参数。设置动画在网页中的播放属性，有以下 4 个子选项：
  - ➤ "开始时暂停"：该选项将 play 参数设置为 false，暂停播放动画，直到演示者在动画区域内单击，或从快捷菜单中选择 Play 为止。
  - ➤ "循环"：重复播放动画。
  - ➤ "显示菜单"：在动画播放区域单击鼠标右键时可弹出快捷菜单。如果希望"About Animate"成为快捷菜单中唯一的命令，可取消选择该项。
  - ➤ "设备字体"：该选项只适用于 Windows。用系统中的边缘平滑的字体代替动画中指定但本机中未安装的字体，默认情况下不选中。

- "品质"：该选项用于确定平滑边缘效果的等级。
  - ➤ "低"：该选项使回放速度的优先级高于动画的外观显示，选择该选项时，将不进行任何平滑边缘的处理。
  - ➤ "自动降低"：在确保播放速度的情况下，如果可能提高图像的品质，动画在载入时关闭反锯齿处理。但放映过程中只要播放器检测到处理器有额外的潜力，就会打开平滑边缘处理功能。
  - ➤ "自动升高"：该选项将回放速度和外观显示置于同等地位，但只要有必要，将牺牲显示质量以保证回放速度。在开始回放时也进行平滑边缘处理，如果回放过程中帧速率低于指定值，将关闭平滑边缘处理功能。
  - ➤ "中"：该选项将打开部分反锯齿处理，但是不对位图进行平滑处理。
  - ➤ "高"：该选项使外观显示优先级高于回放速度，选择该选项时，一般情况下将进行平滑边缘处理。如果影片中不包含动画，则对位图进行处理；如果影片中包含动画，则不对位图进行处理。
  - ➤ "最佳"：该选项将提供最佳的显示质量而不考虑回放速度，包括位图在内的所有的输出都将进行平滑处理。

- "窗口模式"：该选项仅在安装了 Flash ActiveX 控件的 Internet Explorer 中，设置动画播放时的透明模式和位置。该选项有以下 4 个子选项：
  - ➤ "窗口"：该选项将 WMODE 参数设为 Window，这使得动画在网页中指定的位置播放，这也是几种选项中播放速度最快的一种。

➢ "不透明无窗口"：该选项将 Window Mode 参数设为 opaque，这将挡住网页上动画后面的内容。

➢ "透明无窗口"：该选项将 Window Mode 参数设为 transparent，动画中的透明部分显示网页的内容与背景，有可能降低动画速度。

➢ "直接"：该模式支持使用 Stage3D（Stage3D 要求使用 Flash Player 11 或更高版本）的硬件加速内容，会尽可能使用 GPU。使用这种模式时，在 HTML 页面中无法将其他非 SWF 图形放置在 SWF 文件的上面。使用 Starling 框架应使用 "直接" 模式。

● "显示警告消息"：如果标签设置上发生冲突，显示出错消息框。

● "缩放"：该选项指定动画放置在指定区域中的方式，该设置只有在输入的尺寸与原动画尺寸不符时起作用。该选项有以下 4 个子选项：

➢ "默认（显示全部）"：在指定尺寸的区域中显示整个动画的内容，并保持与原动画相同的长宽比例。

➢ "无边框"：在维持动画长宽比例的情况下填充指定区域。动画的部分内容可能显示不出来。

➢ "精确匹配"：使整个动画在指定区域可见。由于不再维持原有的长宽比例，所以动画有可能变形。

➢ "无缩放"：在指定尺寸的区域中显示整个动画的内容，并且保持与原动画相同的长宽，无缩放。

● "HTML 对齐"：指定动画在浏览器窗口中的位置，有以下 5 个选项：

➢ "默认"：使动画置于浏览器窗口的中央，如果浏览器窗口尺寸比动画所占区域尺寸小，将调整浏览器窗口尺寸，使动画正常显示。

➢ "左"：使动画与浏览器窗口的左边对齐，如果浏览器窗口不足以容纳动画，将调整窗口的上下边和右边。

➢ "右"：使动画与浏览器窗口的右边对齐，如果浏览器窗口不足以容纳动画，将调整窗口的上下边和左边。

➢ "顶部"：使动画与浏览器窗口的顶边对齐，如果浏览器窗口不足以容纳动画，将调整窗口的左右边和底边。

➢ "底部"：使动画与浏览器窗口的底边对齐，如果浏览器窗口不足以容纳动画，将调整窗口的左右边和顶边。

● "Flash 水平对齐" 和 "Flash 垂直对齐"：确定动画在动画播放窗口中的位置。

5.10.4　GIF 图像

GIF 文件提供了一种输出网页中的图形和简单动画的简便方式，标准的 GIF 文件就是经压缩的位图文件；动画 GIF 文件则提供了一种输出短动画的简便方式。

在以静态 GIF 文件格式输出时，默认情况下，仅输出第 1 帧；在以动态 GIF 文件格式输出时，Animate 默认输出动画的所有帧；如果要以动画 GIF 格式输出动画中的某一段，可以把这一段的开始帧和结束帧的标签分别设置为 First 和 Last。

在 "发布设置" 对话框中单击选择 "GIF 图像" 复选框，显示 GIF 发布选项，如图 5-88 所示。各个选项的意义及功能如下：

- "大小"：以像素为单位设置输出图形的长宽尺寸。
- "播放"：确定输出的图形是静态的还是动态的。
- "平滑"：打开消除锯齿功能，生成更高画质的图形。消除锯齿处理的图形周围可能有1像素灰色的外环，如果该外环较明显，或要生成的图形是在多颜色背景上的透明图形，则不选择该项。

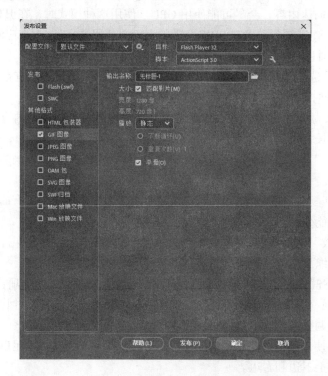

图 5-88　GIF 图像的发布选项

5.10.5　JPEG 图像

使用 JPEG 格式可把图形存为高压缩比的 24 位色位图。总地来说，GIF 格式较适于输出由线条形成的图形，而 JPEG 格式则较适于输出包含渐变色或嵌入位图形成的图形。

与输出静态 GIF 文件一样，在以 JPEG 文件格式输出文件时，默认仅输出第 1 帧。如果希望其他帧也以 JPEG 文件格式输出，可以在时间轴窗口中选中帧，然后在"发布设置"对话框中的"JPEG 图像"面板执行"发布"命令。

在"发布设置"对话框中，单击选择"JPEG 图像"复选框打开 JPEG 选项卡。该选项卡中各个选项的意义及功能与 GIF 选项相同，本节不再介绍。

5.10.6　PNG 图像

在"发布设置"对话框中，单击选择"PNG 图像"复选框打开 PNG 选项卡。该选项卡中各个选项的意义及功能与 JPEG 选项大体相同，本节简要介绍一下 PNG 图像的颜色选项。

"位深度"用于设置导出图像中的颜色数量。位深度越低，产生的文件越小，但是颜色的准确性也越低；位深度越高，颜色越多，文件也越大，但是颜色的准确性也越高。

5.10.7　OAM 包

Animate 2024 可以将 HTML5 Canvas、ActionScript 或 WebGL 格式的 Animate 内容导出为 OAM 包（.oam，动画部件文件），然后将生成的 OAM 文件放在 Dreamweaver、InDesign 等其他 Adobe 应用程序中。

在"发布设置"对话框中，单击选择"OAM 包"复选框，打开对应的选项卡，如图 5-89 所示。

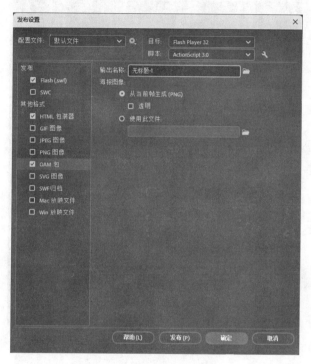

图 5-89　OAM 包发布选项

该选项卡中各个选项的意义及功能简述如下：

● "输出名称"：指定输出的包路径和名称。
● "从当前帧生成"：将当前帧输出为海报图像。如果选中"透明"，则将当前帧生成为一个透明的 PNG 文件，作为海报图像。
● "使用此文件"：单击"选择海报路径"按钮🗀，选择一个外部 PNG 文件作为海报图像。

5.10.8　SVG 图像

前几节介绍的几种常见的 Web 图像格式，如 GIF、JPEG 及 PNG，体积都比较大，且通常分辨率较低。SVG（可伸缩矢量图形）格式则以压缩格式提供分辨率无关的 HiDPI 图形，允许用户按矢量形状、文本和滤镜效果来描述图像，对文本和颜色的支持非常出众，可以确保用户看到的图像与舞台上显示的一样。此外，SVG 文件完全基于 XML，体积小，不仅可以在网络上，还可以在资源有限的手持设备上提供高品质的图形。

Animate 2024 支持 SVG 格式。使用 Animate 2024 强大的设计工具，可以创建表现力丰富的图稿，然后导出为 SVG。由于导出的图稿是矢量，即便缩放为不同的大小，图像分辨率也相当高。

> **注意**：在导出具有滤镜效果的图稿时，在 SVG 中的滤镜效果可能与 Animate 中不完全相同，原因是 Animate 和 SVG 中的可用滤镜之间不是一一对应的。

在"发布设置"对话框中单击选择"SVG 图像"复选框，显示 SVG 选项，如图 5-90 所示。

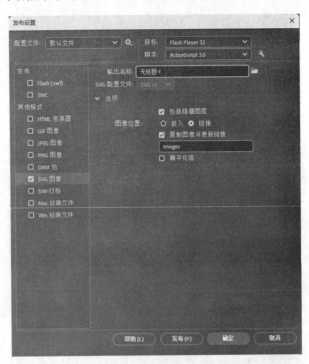

图 5-90　SVG 图像选项卡

各个选项的意义及功能如下：
- "包括隐藏图层"：导出 Animate 文档中的所有隐藏图层，否则，将不会把任何标记为隐藏的图层（包括嵌套在影片剪辑内的图层）导出到生成的 SVG 文档中。
- "嵌入"：在 SVG 文件中直接嵌入位图。
- "链接"：在 SVG 文件中提供位图链接。
- "复制图像并更新链接"：将位图复制到导出 SVG 文件的路径下的 images 文件夹中。如果该文件夹不存在，Animate 自动创建。

如果选中了"复制图像并更新链接"选项，位图将保存在导出 SVG 文件的路径下的 images 文件夹中。如果未选中"复制图像并更新链接"选项，将在 SVG 文件中引用位图的初始源位置。如果找不到位图源位置，则将它们嵌入 SVG 文件中。

> **注意**：Animate 某些功能不受 SVG 格式支持。使用这些功能创建的内容在导出时或者被删除，或者会默认为使用支持的功能。此外，由于一些图形滤镜和色彩效果可能在旧浏览器上无法正确渲染，建议用户使用业界标准的浏览器，并更新到最新版本查看 SVG。

5.10.9　SWF 归档文件

SWF 归档文件可将不同的图层作为独立的 SWF 进行打包，将所有图层的 SWF 文件合并到一个单独的 zip 文件中，该压缩文件的命名约定是，以一个 4 位数字为前缀，然后是下划线加图层名称。

在"发布设置"对话框中单击选择"SWF 归档"复选框，显示对应的发布设置选项，如图 5-91 所示。

在"输出名称"文本框键入 SWF 归档文件路径和名称。

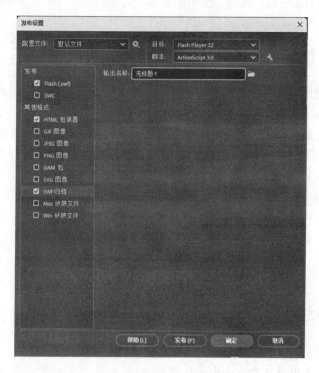

图 5-91　SWF 归档发布选项

5.10.10　MAC/Win 放映文件

放映文件在发布的 SWF 文件中嵌入 Flash Player，可以像普通应用程序那样播放，无需 Web 浏览器、Flash Player 插件或 Adobe AIR。

在"发布设置"对话框中，选中"Mac 放映文件"和"Win 放映文件"复选框，然后在"输出名称"文本框中设置放映文件的输出路径和名称。

5.10.11　输出 Animate 动画

"导出"命令用于将 Animate 动画中的内容以指定的格式导出，以供其他应用程序使用。在 Animate 中还可以使用"导出图像""导出影片""导出视频"和"导出动画 GIF"菜单命令来导出图像或影片。与"发布"命令不同的是，使用"导出视频""导出影片""导出动画 GIF"或"导出图像"命令一次只能导出一种指定格式的文件。

"导出影片"命令可将当前动画中所有内容以 Animate 支持的文件格式导出。如果所选文件格式为静态图形，该命令将导出一系列的图形文件，每个文件与动画中的一帧对应。

"导出图像"命令可将当前帧中的内容或选中的图形以静态图形文件的格式输出。

"导出视频"命令可将当前动画中的所有内容以 QuickTime Movie（*.mov）格式导出。

将动画文件以矢量图形格式输出时，图形文件中有关矢量的信息会保存下来，可在其他基于矢量的图形应用程序中进行编辑。当将一个 Animate 图形导出为 GIF、JPEG、PNG 或 BMP 格式的文件时，图形将丢失其中矢量有关的信息，仅以像素信息的格式保存，可以在诸如 Photoshop 之类的图形编辑器中进行编辑，但不能在基于矢量的图形应用程序中进行编辑。

5.11　本章小结

本章主要介绍使用 Animate 2024 制作动画的基础知识，包括动画的原理、时间轴窗口及相关操作、场景管理的方法和技巧；制作逐帧动画、位移渐变动画、形状渐变等动画的方法和技巧，对于这些内容应熟练掌握。注意区分帧、普通帧、关键帧、空白关键帧以及空白帧等基本概念。此外，还介绍了在 Animate 2024 中如何导入声音文件，以及如何在动画中添加声音、如何使用"编辑封套"对话框中的工具编辑声音，设置单个声音的输出属性。本章最后讲述了发布和输出 Animate 动画前的准备工作，包括优化 Animate 动画的方法和技巧。

在学习本章内容时，应多注意本章中的基本概念和基本操作，并结合具体的实例多上机操作，勤加练习。掌握这些基本的知识点，再加上读者的发挥创作，一定可以制作出非常优秀的作品。

5.12　思考与练习

1. 填空题

（1）Animate 动画可以分为两大类。一种是_____，另外一种是渐变动画，渐变动画又分为_____和_____。

（2）时间轴标尺由_____和_____两部分组成。

（3）播放头主要有两个作用，分别是_____、_____。

（4）Animate 中使用_____对话框编辑声音的起点、终点和大小强弱。

（5）在 Animate 2024 中，可以使用_____命令和_____菜单命令导出图像或影片。

2. 操作题

（1）创建一个立体球从舞台的左下角移动到右上角的直线运动。

提示：首先将创建的立体球转换为元件，然后在时间轴窗口插入两个关键帧，将第 1 个关键帧所对应的实例拖曳到舞台的左下角，将第 2 个关键帧所对应的实例拖曳到舞台的右上角，然后建立两个关键帧的传统补间动画。

（2）导入一幅图片，创建动画使该图片沿曲线移动，在移动的过程中不断旋转并逐渐消失。

提示：首先将导入的图像转换为元件，然后参照本章 5.5 节中有关知识创建沿曲线移动的动画，通过对应的属性设置面板将第 2 个关键帧所对应的实例的 Alpha 属性设置为 0（完全透明）。

（3）制作一个来回滚动的小球。要求：小球在一条直线上来回滚动。

提示：首先通过添加运动引导图层创建小球来回滚动的传统补间动画，然后再添加一个图层，在该图层中绘制一个与引导图层中绘制的引导线一样（包括大小和位置）的直线。

（4）导入一个声音文件到 Animate 动画中。

提示：使用"文件"/"导入"命令即可。

（5）制作一个带声音的按钮。

提示：将声音文件导入到"库"面板中，然后在按钮对应的帧中加入声音即可。

（6）将导入到 Animate 动画中的声音以 MP3 的格式进行压缩。

提示：在"库"面板中选择需要以 MP3 的格式进行压缩的声音文件，单击鼠标右键，在弹出的快捷菜单中选择"声音属性"命令，在"声音属性"对话框中进行相关设置。

（7）目的：使用本章所学的功能制作一个翻书的动画。

提示：使用不同的图层，绘制书本中不同的部分，使用遮罩图层产生翻书过程中的遮挡效果。注意各帧之间的渐变类型，以及注意关键帧的制作。如图 5-92 所示的 3 幅图片是在动画中的一些关键帧。

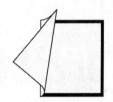

图 5-92　关键帧效果图

（8）打开一个 Animate 文件，然后以 GIF、JPEG 两种不同格式进行发布。

提示：使用"文件"/"发布设置"命令，调出"发布设置"对话框，在该对话框中分别单击"GIF 图像"复选框和"JPEG 图像"复选框，并分别在对应的选项卡中进行相关的设置，然后单击"发布"按钮即可。

（9）打开一个 Animate 文件，然后以"*.SWF"和"*.MOV"两种不同类型进行输出。

提示：使用"文件"/"导出"/"导出影片"命令，调出"导出影片"对话框，在该对话框中选择发布的文件类型 SWF 影片，输入文件名后单击"确定"按钮，即可以"*.SWF"格式输出。使用"文件"/"导出"/"导出视频"命令，调出"导出视频"对话框，根据需要进行设置，设置完成后单击"导出"按钮，即可导出 QuickTime Movie（*.mov）格式。

第 6 章 制作交互动画

本章导读

　　本章重点介绍交互动画的制作基础，内容包括交互动画的概念，"动作"面板的组成与使用方法，设置"动作"面板参数，使用"动作"面板给帧、按钮以及影片剪辑添加动作，以及创建简单的交互操作，比如跳到某一帧或场景，播放和停止影片，跳到不同的 URL。

　📖 "动作"面板

　📖 添加动作

　📖 创建交互操作

　📖 交互动画的应用

6.1　交互的基本概念

什么是"交互"？ Animate 中的交互就是指人与计算机之间的对话过程，人发出命令，计算机执行操作，即人的动作引发计算机响应的过程。

交互性是动画和观众之间的纽带。交互动画是指在作品播放时支持事件响应和交互功能的一种动画，也就是说，动画播放时能够受到某种控制，而不是像普通动画一样从头到尾进行播放。这种控制可以是动画播放者的操作，比如说触发某个事件，也可以在动画制作时预先设置的按钮事件。

6.2　"动作"面板

在 Animate 中，用户可以通过"动作"面板创建与编辑脚本。一旦为关键帧、按钮或者是影片剪辑指定了一个脚本，就可以创建所需要的交互动作了。选择"窗口"/"动作"命令即可打开"动作"面板，如图 6-1 所示。

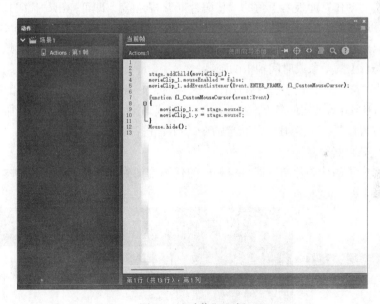

图 6-1　"动作"面板

Animate 2024 新增动作码向导，在创建 HTML5 Canvas 动画时，使用"动作"面板右上角的"使用向导添加"按钮，可以按照说明添加基本操作的代码，如图 6-2 所示。

要注意的是，ActionScript 3.0 只能在帧或外部文件中编写脚本。添加脚本时，Animate 将自动添加一个名为 Actions 的图层。

6.2.1　使用"动作"面板

在 Animate 中，用户可以直接在"动作"面板右侧的脚本窗格中编辑动作脚本，这与用户在文本编辑器中创建脚本十分相似。还可以通过"动作"面板查找和替换文本，查看脚本的行号、检查语法错误、自动设定代码格式并用代码提示来完成语法。

图 6-2　动作码向导

此外，单击"动作"面板右上角的"代码片断"按钮<>，即可弹出"代码片断"面板。代码片断库通过将预建代码注入项目，可以让用户更快更高效地生成和学习 ActionScript 代码。

使用"代码片断"面板可以将 Animate 预置的代码块便捷地添加到对象或帧，步骤如下：

（1）选择舞台上的对象或时间轴中的帧。

如果选择的对象不是元件实例，则应用代码片断时，Animate 会将该对象转换为影片剪辑元件。

如果选择的对象还没有实例名称，Animate 在应用代码片断时会自动为对象添加一个实例名称。

（2）执行"窗口"/"代码片断"菜单命令，或单击"动作"面板右上角的"代码片断"按钮<>，打开"代码片断"面板。

（3）双击要应用的代码片断，即可将相应的代码添加到"动作"面板的脚本窗格之中。如图 6-3 所示。

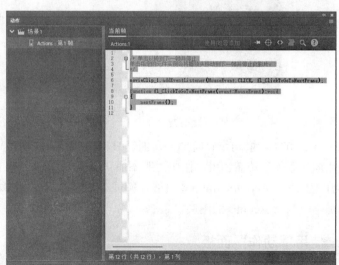

图 6-3　利用"代码片断"面板添加代码

（4）在"动作"面板中，查看新添加的代码，并根据片断开头的说明替换必要的项。

6.2.2 设置"动作"面板

用户可以通过设置"动作"面板的工作参数，来改变脚本窗格中的脚本编辑风格。若要设置"动作"面板的参数，可以执行如下操作：

（1）选择"编辑"/"首选参数"/"编辑首选参数"命令，然后在"首选参数"对话框左侧的分类列表中单击"代码编辑器"，如图 6-4 所示。

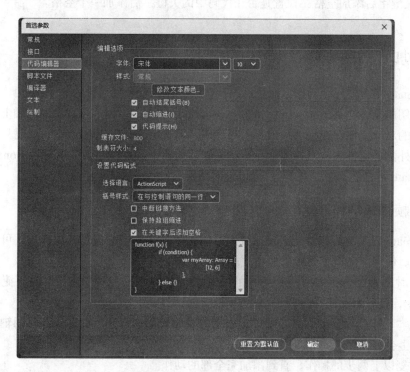

图 6-4 "首选参数"对话框

（2）在"编辑选项"区域根据需要设置以下任意首选参数：

● 字体：设置代码字体和大小来更改脚本窗格中文本的外观。

● 样式：设置代码显示外观：常规、粗体、斜体和粗斜体。

● 颜色：单击"修改文本颜色"按钮，在如图 6-5 所示的"代码编辑器文本颜色"对话框中设置脚本窗格的前景色和背景色，以及关键字（例如 new、if、while 和 on）、标识符（例如 play、stop 和 gotoAndPlay）、注释和字符串的显示颜色。

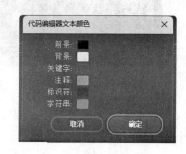

图 6-5 "代码编辑器文本颜色"对话框

● 设置代码自动格式和缓存文件大小。

选中"自动结尾括号"会在输入一边括号后，Flash 自动补齐另一边括号；选择"自动缩进"会在脚本窗格中自动缩进动作脚本；在编辑模式下，选择"代码提示"可打开语法、方法和事件的完成提示；在"制表符大小"框中输入一个整数可设置缩进制表符大小（默认值是 4）。

（3）在"设置代码格式"区域设置语言和代码格式。

- 选择语言：指定脚本所用的语言。
- 括号样式：设置代码中括号的位置。选择一个选项后，面板底部将实时显示代码的预览效果。
- 保持数组缩进：设置代码中数组的缩进方式。
- 在关键字后添加空格：设置是否在代码中的关键字后添加一个空格。

6.3 添加动作

在 Animate 中，使用"动作"面板可以为帧、按钮以及影片剪辑添加动作。

需要说明的是，在 ActionScript 1.0 和 ActionScript 2.0 中，用户可以在时间轴上写代码，也可以在选中的对象如按钮或是影片剪辑上写代码。而在 ActionScript 3.0 中，代码只能被写在时间轴上，或外部类文件中，不能附加在按钮或影片剪辑上。在时间轴上书写 ActionScript 3.0 代码时，Animate 将自动新建一个名为 Actions 的图层。

6.3.1 为帧添加动作

在 Animate 影片中，若要使影片播放到时间轴中的某一帧时执行某项动作，可以为该关键帧添加动作。使用"动作"面板添加帧动作的步骤如下：

（1）在时间轴中选择需要添加动作的关键帧，单击鼠标右键，在弹出的快捷菜单中选择"动作"命令，打开"动作"面板。

（2）在"动作"面板的脚本窗格中，根据需要编辑动作语句。此时，在时间轴中添加了动作的关键帧上会显示一个 a，如图 6-6 所示。

（3）重复以上两步的操作，直到添加完全部的动作。

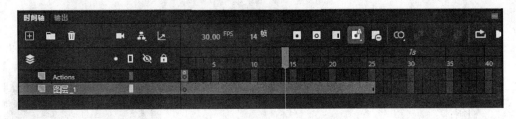

图 6-6　为帧添加动作

6.3.2 为按钮添加动作

在影片中，如果希望鼠标在单击或者滑过按钮时，影片执行某个动作，可以为按钮添加动作。在 Animate 中，用户必须将动作添加给按钮元件的一个已命名的实例，而该元件的其他实例将不会受到影响。

为按钮添加动作的方法与添加帧动作的方法相同，不同的是，为按钮添加动作时，必须指定触发该动作的鼠标或键盘事件。例如，下面的代码指定当鼠标滑过按钮实例 MyBtn 时，输出一条语句：

```
// 注册侦听器
MyBtn.addEventListener(MouseEvent.MOUSE_OVER, fl_MouseOverHandler);
// 定义 MOUSE_OVER 事件处理函数
function fl_MouseOverHandler(event:MouseEvent):void
{
    // 输出消息
    trace("Mouse Over!");
}
```

6.3.3　为影片剪辑添加动作

通过为影片剪辑添加动作，可在影片剪辑加载或者接收到数据时让影片执行动作。用户必须将动作添加给影片剪辑的一个实例，而元件的其他实例不受影响。

用户可以使用为按钮添加动作的方法为影片剪辑添加动作。例如，下面的代码为影片剪辑实例 MyClip 添加动作，可以通过拖放进行移动：

```
// 注册侦听器
MyClip.addEventListener(MouseEvent.MOUSE_DOWN, fl_ClickToDrag);
// 定义 MOUSE_DOWN 事件处理函数
function fl_ClickToDrag (event:MouseEvent):void
{
    MyClip.startDrag();
}
// 注册侦听器
stage.addEventListener(MouseEvent.MOUSE_UP, fl_ReleaseToDrop);
// 定义 MOUSE_UP 事件处理函数
function fl_ReleaseToDrop (event:MouseEvent):void
{
    MyClip.stopDrag();
}
```

一旦指定了一项动作，即可通过"控制"/"测试影片"命令测试影片是否工作。

6.4　创建交互操作

在简单的动画中，Animate 按顺序播放影片中的场景和帧。在交互式影片中，访问者可以通过键盘和鼠标跳转到影片中的不同部分、移动对象、在表单中输入信息，以及其他交互操作。

使用动作脚本可以通知 Animate 在发生某个事件时执行某个动作。脚本可以由单一动作组成，如指示影片停止播放的操作；也可以由一系列动作组成，如先计算条件，再执行动作。

6.4.1　跳转到某一帧或场景

若要跳转到影片中的某一特定帧或场景，可以使用 goto 动作。当影片跳到某一帧时，可以设置参数来控制是从这一帧开始播放影片，还是在这一帧停止。goto 动作分为 gotoAndPlay 和

gotoAndStop。影片也可以跳到一个场景并从指定的帧开始播放，或跳到下一场景或上一场景的第 1 帧。

跳转到某一帧或场景的步骤如下：

（1）选择要指定动作的帧，打开"动作"面板。

（2）在"动作"面板中键入 gotoAndPlay 或 gotoAndStop 动作，并指定要跳转到的帧，如下所示：

```
gotoAndPlay(5);        // 跳转到第 5 帧开始播放
gotoAndStop(5);        // 跳转到第 5 帧停止播放
```

如果选择对象是按钮实例或影片剪辑实例，还要指定相对路径，如下所示：

```
MovieClip(this.root).gotoAndPlay(5);
```

（3）如果要跳转到当前场景，可省略场景名称；如果要跳转到其他已命名的场景，则必须指定场景名称，如下所示：

```
gotoAndPlay(5, "场景 2");     // 跳转到场景 2 的第 5 帧开始播放
gotoAndStop(5, "场景 2");     // 跳转到场景 2 的第 5 帧并停止播放
```

指定目标帧时，除了可以直接指定帧编号，还可以使用帧标签或表达式指定帧。例如：下面的动作将播放头跳到该动作所在的帧之后的第 5 帧开始播放：

```
gotoAndPlay(currentFrame +5);
```

6.4.2　播放 / 停止影片

除非另有命令指示，影片一旦开始播放，将在时间轴上从头播放到尾。用户可以通过使用 play 和 stop 动作控制影片或影片剪辑的时间轴。要控制的影片剪辑必须有一个实例名称，而且必须显示在时间轴上。

播放 / 停止影片的操作如下：

（1）选择要指定动作的帧、按钮实例或影片剪辑实例。

（2）在"动作"面板的脚本窗格中根据需要输入如下语句：

```
stop();           // 帧动作
MyClip.play();        // 在舞台上播放指定的影片剪辑 MyClip
MovieClip(this.root).stop();        // 停止当前实例的父级影片剪辑
```

 注意：动作后面的空括号表明该动作不带参数。

6.4.3　跳转到 URL

若要在浏览器窗口中打开网页，或将数据传递到指定 URL 的应用程序，可以使用 navigateToURL 动作。例如，可以有一个链接到新 Web 站点的按钮，或者可以将数据发送到 CGI 脚本，以便如同在 HTML 表单中一样处理数据。

在下面的步骤中，请求的文件必须位于指定的位置，并且 URL 必须有一个网络连接（例如

http://www.myserver.com/）。

（1）选择要指定动作的帧、按钮或影片剪辑。

（2）在"动作"面板的脚本窗格中输入如下语句：

```
// 在新浏览器窗口中加载指定的 URL
navigateToURL(new URLRequest("http://www.myserver.com"), "_blank");
```

在指定 URL 时，应遵循以下指导原则：

（1）使用相对路径（如 ourpages.html）或绝对路径，例如：

```
http://www.myflash.com/ourpages.html
```

（2）相对路径可以描述一个文件相对于另一个文件的位置；绝对路径就是指定文件所在服务器的名称、路径和文件本身名称的完整地址。

● 根据表达式值获取 URL。

例如，下面的语句表明 URL 是变量 dynamicURL 的值：

```
URLRequest (dynamicURL);
```

（3）指定加载 URL 的窗口。

● _self：指定当前窗口中的当前帧。

● _blank：指定一个新窗口。

● _parent：指定当前帧的父级。

● _top：指定当前窗口中的顶级帧。

6.5　交互动画的应用

本节将通过几个简单实例介绍交互动画的制作方法。

6.5.1　隐藏的鼠标

（1）启动 Animate 2024，新建一个 ActionScript 3.0 文件。选择"插入"/"新建元件"命令创建一个名为 ball 的影片剪辑。

（2）在绘图工具箱中选择"椭圆工具"，在舞台上绘制一个圆。选择第 40 帧，按 F6 键添加关键帧，然后移动圆的位置。选中第 1 帧～第 40 帧之间的任意一帧，单击鼠标右键，在弹出的快捷菜单中选择"创建传统补间"命令，创建一个传统补间动画。

为便于观察动画效果，选中影片剪辑的第 1 帧，打开"动作"面板，输入如下语句：

```
stop();
```

（3）单击"返回场景"按钮回到主时间轴，选择"窗口"/"库"命令调出"库"面板，拖动库中的影片剪辑到主时间轴的第 1 帧，并打开实例属性面板，设置实例名称为 Ball。

（4）打开"动作"面板，在脚本窗格下输入如下代码：

```
// 引入包路径
import flash.events.MouseEvent;
```

```
// 注册侦听器
Ball.addEventListener(MouseEvent.CLICK, fl_ClickToHide);
// 定义鼠标单击事件处理函数
function fl_ClickToHide(event:MouseEvent):void
{
    Mouse.hide();        // 隐藏鼠标
    Ball.play();         // 开始播放影片剪辑 Ball
}
```

此时的"动作"面板如图 6-7 所示。

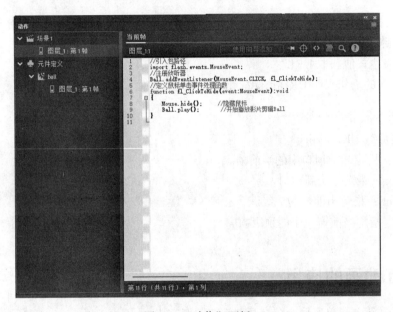

图 6-7 "动作"面板

（5）选择"控制"/"测试"菜单命令，或按 Ctrl+Enter 组合键观看动画效果。动画加载后，小球静止在舞台上；单击小球，小球开始运动，此时移动鼠标，可以看到鼠标已经被隐藏了。

6.5.2 获取键盘信息

（1）创建一个 ActionScript 3.0 文件，并新建一个影片剪辑（例如滚动的小球），将该影片剪辑拖放到该文件的第 1 帧。

（2）单击第 1 帧，然后选择舞台上的实例。打开"代码片断"面板，双击"事件处理函数"类别下的"**Key Pressed** 事件"，在脚本窗格中添加如下代码：

```
/* Key Pressed 事件
按下任一个键盘键时，执行以下定义的函数 fl_KeyboardDownHandler。
*/
stage.addEventListener(KeyboardEvent.KEY_DOWN, fl_KeyboardDownHandler);
// 定义 KEY_DOWN 事件处理函数
function fl_KeyboardDownHandler(event:KeyboardEvent):void
```

```
{
        // 此示例代码在"输出"面板中显示"已按键控代码:"和按下键的键控代码。
    trace("已按键控代码: " + event.keyCode);
}
```

（3）选择"控制"/"测试影片"命令观看动画效果，按下键盘上的键，在"输出"面板上可以看到输出返回值。在键盘上按下 flash 各个字母时的"输出"面板如图 6-8 所示。

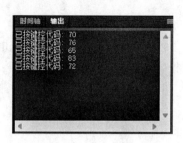

图 6-8　"输出"面板

6.5.3　用键盘控制动画

（1）继续上例。执行"插入"/"新建元件"菜单命令，新建一个名为 fly 的影片剪辑，在元件编辑窗口执行"文件"/"导入"/"导入到舞台"命令，导入一幅动画 GIF。

（2）返回主时间轴，在第 2 帧按 F6 键，添加关键帧，打开"库"面板，从"库"面板中拖放一个 fly 影片剪辑到舞台上。

（3）选中 Actions 图层的第 1 帧，并打开"动作"面板，在 Key Pressed 事件处理函数中添加如下的条件判断语句：

```
if(event.keyCode == 32){
    nextFrame();
}
```

其中，32 是空格键的 ASCII 码值。

（4）在处理函数之上添加如下语句：

```
stop();
```

这样，播放动画时如果不按下空格键，动画将停留在第一帧。

此时第 1 帧的动作脚本如下所示：

```
stop();
/* Key Pressed 事件
按下任一个键盘键时，执行以下定义的函数 KeyboardDownHandler。
*/
stage.addEventListener(KeyboardEvent.KEY_DOWN, KeyboardDownHandler);
// 定义 KEY_DOWN 事件处理函数
function KeyboardDownHandler(event:KeyboardEvent):void
{
```

```
                  // 在 " 输出 " 面板中显示 " 已按键控代码：" 和按下键的键控代码。
        trace("已按键控代码：" + event.keyCode);
  // 如果按下空格键，则进入下一帧
        if(event.keyCode == 32){
          nextFrame();
      }
    }
```

（5）执行"控制"/"测试影片"命令观看播放效果。

初始时，一直播放动画的第 1 帧，即循环播放影片剪辑 ball；如果按下键盘上的非空格键，则播放动画的同时在"输出"面板中显示已按键的 ASCII 码值；如果按下键盘上的空格键，则播放 fly 影片剪辑。

6.5.4　音量控制按钮

（1）新建一个 ActionScript 3.0 文档，执行"插入"/"新建元件"命令创建一个按钮元件。按照本书前面章节所介绍的方法创建一个按钮，效果如图 6-9 所示。

图 6-9　按钮效果图

（2）返回主场景，在"库"面板中将按钮拖到舞台上，然后选择该按钮，执行"修改"/"转换为元件"命令，将该按钮转换为影片剪辑。

（3）选中影片剪辑实例，在属性面板上设置实例名称为 MyClip，然后打开"动作"面板，在脚本窗格中输入如下的程序代码：

```
import flash.media.Sound;
import flash.media.SoundChannel;
import flash.media.SoundTransform;
import flash.net.URLRequest;
// 定义初始时实例的顶点位置
var top:Number=MyClip.y;
// 新建一个 Rectangle 类 , 第一个和第二个参数表示 x,y 坐标
// 第三个和第四个参数表示要移动的对象的水平和纵向像素量
var fw:Rectangle=new Rectangle(MyClip.x,MyClip.y,0,100);
// 定义要加载的文件路径，注意，此路径要相对于 SWF 文件的目录
var url:String="music.mp3";
// 创建 Sound 类实例
var snd:Sound=new Sound();
// 定义声音通道名称
var song:SoundChannel=new SoundChannel();
// 加载声音
var request:URLRequest = new URLRequest(url);
snd.load(request);
// 开始播放
song=snd.play();
// 注册侦听器 clickToDrag
```

```
MyClip.addEventListener(MouseEvent.MOUSE_DOWN, clickToDrag);
// 创建侦听器 clickToDrag
function clickToDrag(event:MouseEvent):void
{
        // false 指定鼠标位置为点击拖动对象时的鼠标位置
    // 并在指定范围内拖动实例，本例指定垂直拖动，不能水平拖动
    MyClip.startDrag(false,fw);
        }
// 注册侦听器 releaseToDrop
stage.addEventListener(MouseEvent.MOUSE_UP, releaseToDrop);
// 创建侦听器 releaseToDrop
function releaseToDrop(event:MouseEvent):void
{
// 停止拖动
    MyClip.stopDrag();
}
// 注册侦听器 setvolume
addEventListener(Event.ENTER_FRAME, setvolume);
// 创建侦听器 setvolume
function setvolume(event:Event):void
{
        // 创建转换对象
    var trans:SoundTransform=new SoundTransform();
        // 计算滑块位置
    var position:Number=(100-(MyClip.y-top))/100;
         // 获取声音的值
    trans.volume=position;
        // 实现转换
    song.soundTransform=trans;
    }
```

（4）选择"控制"/"测试影片"命令观看最后效果。

6.5.5 控制声音播放

（1）新建一个 ActionScript 3.0 文档，选择"插入"/"新建元件"命令创建一个图形元件，名称为 circle。用"椭圆工具"在舞台上绘制一个淡蓝色的圆形。

（2）返回主场景，选择"插入"/"新建元件"命令创建一个名为 circle_mc 的影片剪辑。在"库"面板中把图形元件 circle 拖到舞台中心。然后在第 10 帧按 F5 插入帧。

（3）选择"插入"/"时间轴"/"图层"命令新建一个图层。在"库"面板中把图形元件 circle 拖放到界面的中心。将第 10 帧转换为关键帧，选择"任意变形工具"，将图形放大，并在属性面板上设置 Alpha 值为 0。效果如图 6-10 所示。

（4）鼠标右键单击第 1 帧 ~ 第 10 帧的任意一帧，在弹出的快捷菜单中选择"创建传统补间"命令，完成该层的动画创作。

（5）返回主场景，选择"插入"／"新建元件"命令创建一个名为"音乐关"的按钮元件。选中按钮的"弹起"帧，将影片剪辑 circle_mc 拖放到舞台上；然后在"点击"帧上单击鼠标右键，在弹出的快捷菜单中选择"插入帧"命令。

（6）选择"插入"／"图层"命令新建一个图层。在"弹起"帧绘制一个黑色的矩形，然后选中"点击"帧，按 F5 键插入帧，效果如图 6-11 所示。

（7）返回主场景，选择"插入"／"新建元件"命令创建一个名为"音乐开"的按钮元件。选中按钮的"弹起"帧，将影片剪辑 circle_mc 拖放到舞台上。然后在"点击"帧上单击鼠标右键，在弹出的快捷菜单中选择"插入帧"命令。

（8）新建一个图层。在"弹起"帧绘制一个黄色的三角形，然后选中"点击"帧，按 F5 键插入帧，效果如图 6-12 所示。

图 6-10　虚化效果图

图 6-11　开关关闭的效果图

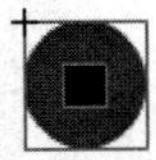

图 6-12　开关打开的效果图

（9）返回主场景。在"库"面板中把"音乐开"元件和"音乐关"元件拖放到舞台上，在属性面板上分别将两个实例命名为 playit 和 stopit。

（10）调整两个实例在舞台上的位置，使"音乐关"实例完全遮挡住"音乐开"实例。

（11）新建一个名为 Actions 的图层。单击该层第 1 帧，在脚本窗格中输入如下语句：

```
import flash.media.SoundChannel;
import flash.net.URLRequest;
// 加载声音
var snd:Sound=new Sound(new URLRequest("music.mp3"));
var channel:SoundChannel=snd.play();
var pausePosition:int;
snd.play();
stopit.addEventListener(MouseEvent.CLICK, stopMusic);
// 定义单击 stopit 按钮的事件处理函数
function stopMusic(event:MouseEvent):void
{
// 在停止播放声音之前记录声音文件当前播放到的位置
    pausePosition = channel.position;
// 停止播放声音
    channel.stop();
// 隐藏实例
    stopit.visible=false;
// 显示实例
    playit.visible=true;
}
// 注册侦听器
```

```
playit.addEventListener(MouseEvent.CLICK, playMusic);
// 定义单击 playit 按钮的事件处理函数
function playMusic(event:MouseEvent):void
{
    stopit.visible=true;
    playit.visible=false;
// 从声音停止的位置重新启动声音
    channel=snd.play(pausePosition);
}
```

其中，music.mp3 是一个音乐文件，与影片源文件保存在同一个目录下。

实际上，无法在 ActionScript 的回放期间暂停声音，而只能将其停止。但是，可以从任何位置开始播放声音。用户可以记录声音停止时的位置，并随后从该位置开始重放声音。

（12）保存文件，并执行"控制"/"测试影片"命令测试影片效果。

6.5.6　闪亮的星光

（1）新建一个 ActionScript 3.0 文档，选择"插入"/"新建元件"命令创建一个名为 blue 的图形元件。在元件编辑窗口中，用"椭圆工具"在舞台上按住 Shift 键绘制一个圆形，选择"颜料桶工具"进行颜色填充，选择的颜色为蓝白渐变色，效果如图 6-13 所示。

（2）新建一个名为 blue-movie 的影片剪辑。把第（1）步制作的 blue 元件拖放到元件编辑窗口的第 1 帧。选择第 8 帧，按 F6 键添加关键帧，在该帧缩小实例，并向下移动。鼠标右键单击 1～8 帧之间的任意 1 帧，在弹出的快捷菜单中选择"创建传统补间"命令，创建传统补间动画。单击第 10 帧，按 F5 键插入帧，使这段时间的动画保持不变。

（3）新建一个名为 red 的图形元件。在元件编辑窗口中，绘制一个类似于 blue 的圆形，填充色为红白渐变。

（4）按照第（2）步的方法，创建影片剪辑 red-movie。

（5）新建一个名为 With Flash 的图形元件。选择"文本工具"在舞台上输入 With Flash。执行"修改"/"分离"命令两次，将文本打散，然后选择颜色填充工具进行颜色填充，选择的颜色为黑绿渐变色，效果如图 6-14 所示。

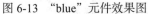

图 6-13　"blue"元件效果图　　　　　　　　图 6-14　"With Flash"效果图

（6）返回主场景，在"库"面板中将 With Flash 元件拖放到舞台上。添加新的图层，将 red-movie 和 blue-movie 拖到新图层的第 1 帧，效果如图 6-15 所示。选中舞台上的 blue-movie 实例，在属性面板上指定实例名称为 gnist1；选中舞台上的 red-movie 实例，在属性面板上指定实例名称为 gnist2。

图 6-15　舞台上的实例

（7）打开"库"面板，在库项目列表中选中影片剪辑 red_movie，单击鼠标右键，在弹出的快捷菜单中选择"属性"命令，弹出"元件属性"对话框。

（8）展开"高级"选项，选中"为 ActionScript 导出"复选框，此时"类"和"基类"文本框中自动填充 red_movie 作为类名，flash.display.MovieClip 作为基类名，如图 6-16 左图所示。

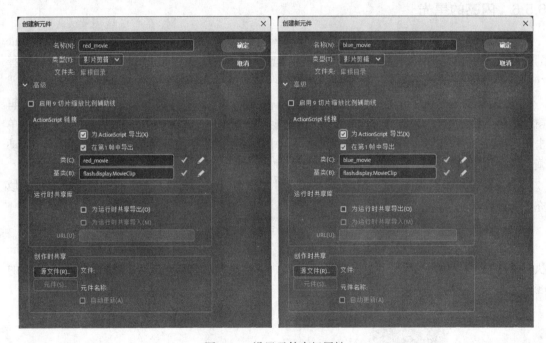

图 6-16　设置元件高级属性

（9）单击"确定"按钮，将弹出一个"ActionScript 类警告"对话框，提示用户无法在类路径中找到对此类的定义，将在导出时自动在 SWF 文件中生成相应的定义。单击"确定"按钮关闭对话框。

（10）同样的方法，创建一个名为 blue_movie 的类，如图 6-16 右图所示。

（11）新建一个名为 Actions 的图层，选中时间轴的第 1 帧，打开"动作"面板，在脚本窗格中添加如下的程序段：

```
// 获取舞台宽度和高度
const W:Number=stage.stageWidth;
```

```
const H:Number=stage.stageHeight;
// int(Math.random()*10) 生成一个 0 到 10 之间的随机整数
var Loopie:int = int(Math.random()*10)+1;
while (Loopie<60) {
    var Scale:Number = Math.random()+0.3;
// 创建类 red_movie 和 blue_movie 的实例
    var cred:red_movie=new red_movie();
    var cblue:blue_movie=new blue_movie();
// 设置实例属性
    cred.x=W*Math.random()+1;
    cred.rotation=Math.random()*360+1;
    cred.scaleX=Scale;
    cred.scaleY=Scale;
    cred.y=H*Math.random()+1;
// 将实例添加到舞台
    addChild(cred);
// 设置实例属性
    cblue.x=W*Math.random()+1;
    cblue.rotation=Math.random()*360+1;
    cblue.scaleX=Scale;
    cblue.scaleY=Scale;
    cblue.y=H*Math.random()+1;
// 将实例添加到舞台
    addChild(cblue);
    Loopie++;
}
```

（12）选择"控制"/"测试影片"命令查看最后的效果。效果图如图 6-17 所示。

图 6-17 动画的效果图

6.5.7 蝴蝶的翅膀

（1）新建一个 ActionScript 3.0 文档，选择"插入"/"新建元件"命令创建一个名为 1/4wing 的图形元件。使用绘图工具绘制一个如图 6-18 所示的蝴蝶翅膀。

（2）新建一个名为 3/4wing 的图形元件。绘制一个如图 6-19 所示的蝴蝶翅膀。

（3）新建一个名为 wing 的图形元件。绘制一个如图 6-20 所示的蝴蝶翅膀。

 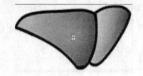 

图 6-18　1/4 蝴蝶翅膀效果图　　　图 6-19　3/4 蝴蝶翅膀效果图　　　图 6-20　蝴蝶翅膀效果图

（4）新建一个名为 1/2wing 的图形元件。绘制一个如图 6-21 所示的蝴蝶翅膀。

（5）新建一个名为 body 的图形元件。绘制一个如图 6-22 所示的蝴蝶的身体。

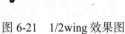 

图 6-21　1/2wing 效果图　　　　　　　图 6-22　蝴蝶的身体

（6）新建一个名为 butterfly 的影片剪辑。将绘制好的 3 个元件拖放到第 1 帧，并调整位置，使其如图 6-23 所示。

（7）单击第 2 帧，按 F6 键添加关键帧，然后调整翅膀元件和身体元件的位置，调整成如图 6-24 所示的效果。

图 6-23　翅膀的组合　　　　　　　　图 6-24　翅膀的效果

（8）按照第（7）步的方法从第 3 帧开始，逐帧设置该动画，一直到第 6 帧，效果图如图 6-25 所示。

图 6-25　蝴蝶的逐帧效果图

（9）新建一个名为 red 的按钮元件。绘制如图 6-26 所示的圆形按钮，分别代表圆形按钮的弹起、按下、指针经过、点击四种状态。

图 6-26　红色按钮四种状态

（10）用同样的方法制作一个 green 按钮元件，四种状态效果如图 6-27 所示。

图 6-27　绿色按钮四种状态

（11）返回主场景。按照如图 6-28 所示的位置把影片剪辑 butterfly、按钮元件 green、按钮元件 red 拖到相应的位置上。选中影片剪辑实例，在属性面板上将其命名为 butterfly_mc。选中按钮实例，在属性面板上分别命名为 stopbutton 和 startbutton。然后用"文本工具"输入文本。

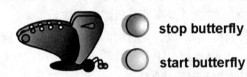

图 6-28　按钮位置图

（12）选择红色按钮实例，打开"代码片断"面板，双击"事件处理函数"分类下的"Mouse Click 事件"。切换到"动作"面板，在脚本编辑区删除示例代码，然后输入如下代码：

```
butterfly_mc.stop();
```

（13）选择绿色按钮，按照第（12）步中的方法添加脚本。然后在"动作"面板的脚本编辑区输入如下代码：

```
butterfly_mc.play();
```

此时，"动作"面板的脚本编辑区中的代码如下：

```
// 注册 stopbutton 的 Mouse Click 事件侦听器
stopbutton.addEventListener(MouseEvent.CLICK, fl_MouseClickHandler);
// 定义 stopbutton 的 Mouse Click 事件处理函数
function fl_MouseClickHandler(event:MouseEvent):void
{
    butterfly_mc.stop();
}

/* startbutton 的 Mouse Click 事件 */
startbutton.addEventListener(MouseEvent.CLICK, fl_MouseClickHandler_2);
function fl_MouseClickHandler_2(event:MouseEvent):void
{
    butterfly_mc.play();
}
```

（14）选择"控制"/"测试影片"命令观看动画效果。

6.6 本章小结

本章主要介绍了"动作"面板的组成，以及"动作"面板的使用方法。使用"动作"面板，可以为帧、按钮和影片剪辑添加动作，还可以通过 gotoAndPlay、gotoAndStop、play、stop、nextFrame、prevFrame 和 navigateToURL 等命令，控制时间轴的播放，并将新的网页加载到浏览器窗口中。这些都是创作交互动画所必需的基础知识，希望读者能够熟练掌握。

6.7 思考与练习

1. 交互的基本概念是什么？

2. "动作"面板由哪几部分组成？简述如何使用"动作"面板编写脚本。

3. 在 Animate 中如何为帧、按钮以及影片剪辑添加动作？

4. 如何通过动作控制时间轴上的播放，并将新的网页加载到浏览器窗口中？

5. 创建一个简单的动画，使其满足以下条件：

（1）该动画在第一个关键帧处于停止状态。

（2）在动画中添加一个按钮，通过该按钮控制动画的播放。

第 7 章　滤镜和混合模式

 本章导读

　　本章主要介绍 Animate 2024 中的滤镜和混合模式。通过使用滤镜，可以为文本、按钮和影片剪辑增添许多自然界中常见的视觉效果。使用混合模式，可以改变两个或两个以上重叠对象的透明度或者颜色，从而创造具有独特效果的复合图像。

 **学 习 要 点**

📖 滤镜

📖 混合模式

Animate 2024 中文版标准实例教程

7.1 滤镜

使用过 Photoshop 等图形图像处理软件的用户对"滤镜"一定不会感到陌生。所谓滤镜，就是具有图像处理能力的过滤器。通过滤镜对图像进行处理，可以生成新的图像。

滤镜是扩展图像处理能力的主要手段。滤镜功能大大增强了 Animate 的设计能力，可以为文本、按钮和影片剪辑增添有趣的视觉效果。Animate 独有的一个功能，是可以使用补间动画让应用的滤镜活动起来。不仅如此，Animate 还支持从 Fireworks PNG 文件中导入可修改的滤镜。

 注意：Animate 2024 中的滤镜只适用于文本、影片剪辑和按钮。

应用滤镜后，用户可以随时修改滤镜参数，或者重新调整滤镜顺序试验组合效果。在"滤镜"属性面板中，还可以启用、禁用或者删除滤镜。Animate 2024 提供了 7 种滤镜，如图 7-1 所示。

图 7-1　滤镜列表

使用这些滤镜，可以完成很多常见的设计处理工作，以丰富对象的显示效果。Animate 允许用户根据需要对滤镜进行编辑，或删除不需要的滤镜。修改应用了滤镜的对象时，应用到对象上的滤镜会自动适应新对象。

例如，在图 7-2 中，左边的图是应用了"投影"的原始图，中间的图应用了"渐变发光"后再"投影"；右边的图修改了形状后应用"投影"。可以看到，修改对象后，滤镜会根据修改后的结果重新进行绘制，以确保图形图像显示正确。

图 7-2　滤镜效果

有了上面这些特性，意味着在 Animate 中制作丰富的页面效果会更加方便，无需为了一个简单的效果进行多个对象的叠加，或启动 Photoshop 之类的庞然大物了。更让人欣喜的是，这些效果还保留着矢量的特性。

7.1.1　滤镜的基本操作

1. 在对象上应用滤镜

使用滤镜处理对象时，可以直接在属性面板的"滤镜"区域选择需要的滤镜。基本步骤如下：

（1）选中要应用滤镜的对象，可以是文本、影片剪辑或按钮。

（2）在属性面板中单击"滤镜"折叠按钮，打开"滤镜"面板，单击"添加滤镜"按钮 ￼，打开滤镜菜单。

（3）选中需要的滤镜效果，打开对应的参数设置对话框。

（4）设置完参数后单击文档的其他区域，完成效果设置。此时，"滤镜"下方将显示所用滤镜的名称，如图 7-3 所示。

图 7-3　所用滤镜名称

（5）再次单击"添加滤镜"按钮 ￼，打开滤镜菜单。通过添加新的滤镜，可以实现多种效果的叠加。

> **注意**：应用于对象的滤镜类型、数量和质量会影响 SWF 文件的播放性能。对于一个给定对象，建议只应用有限数量的滤镜。

2. 删除应用于对象的滤镜

删除已应用到对象的滤镜的操作如下：

（1）选中要删除滤镜的影片剪辑、按钮或文本对象。

（2）打开对应的属性面板，在滤镜列表中单击要删除的滤镜名称右侧的"删除滤镜"按钮 ￼。

（3）若要从所选对象中删除全部滤镜，单击"选项"按钮 ￼，在弹出的滤镜菜单中选择"删除全部"命令。

3. 改变滤镜的应用顺序

对一个对象应用多个滤镜时，滤镜的应用顺序不同，产生的效果可能也不同。通常先应用改变对象内部外观的滤镜，如斜角滤镜，然后再应用改变对象外部外观的滤镜，如调整颜色、发光滤镜或投影滤镜等。

改变滤镜应用顺序的具体操作如下：

（1）在滤镜列表中单击要改变应用顺序的滤镜名称。选中的滤镜将高亮显示。

（2）在选中的滤镜上按下鼠标左键拖动到需要的位置，然后释放鼠标。

 注意：列表顶部的滤镜先于底部的滤镜应用。

4. 编辑单个滤镜

如果应用滤镜后的效果不满足设计的需要，可以对滤镜的参数进行修改。具体操作如下：

（1）单击滤镜列表中需要编辑的滤镜名称，滤镜面板上将显示该滤镜相关的选项。

（2）根据需要设置选项中的参数。

5. 禁止和恢复滤镜

修改应用了滤镜的对象时，系统会对滤镜进行重绘。如果应用到对象上的滤镜较多、较复杂，修改对象后，重绘操作可能占用大量的时间。同样，在打开这类文件时也会变得很慢。

很多有经验的用户在设计图像时，并不立刻将滤镜应用到对象上。通常是在一个很小的对象上应用各种滤镜，并查看效果，设置满意后，将滤镜临时禁用，然后修改对象，修改完毕后再重新激活滤镜，获得最后的结果。

临时禁止和恢复滤镜的操作步骤如下：

（1）在滤镜列表中单击要禁用的滤镜名称，然后单击属性面板上的"启用或禁用滤镜"按钮◉，此时，"启用或禁用滤镜"按钮◉变为◉。

（2）如果要禁用应用于对象的全部滤镜，单击"选项"按钮，在弹出的下拉菜单中选择"禁用全部"命令。

（3）选择禁用后的滤镜，然后单击属性面板上的"启用或禁用滤镜"按钮◉，即可恢复滤镜。在选项菜单中选择"启用全部"命令可恢复禁用的全部滤镜。

6. 复制和粘贴滤镜

利用 Animate 的复制和粘贴滤镜功能，用户只需要简单的复制、粘贴操作即可将某个对象的全部或部分滤镜设置应用到其他对象。具体操作如下：

（1）在舞台上选择要从中复制滤镜的对象，然后打开"滤镜"面板。

（2）选择要复制的滤镜，然后单击右上角的"选项"按钮✿，在弹出的下拉菜单中选择"复制选定的滤镜"命令，如图 7-4 所示。如果要复制所有应用的滤镜，则选择"复制所有滤镜"命令。

（3）在舞台上选择要应用滤镜的对象，然后单击"选项"按钮，在弹出的下拉菜单中选择"粘贴滤镜"命令。

图 7-4 "选项"下拉菜单

7.1.2 预设滤镜

如果希望将同一个滤镜或一组滤镜应用到其他对象，可以将编辑好的滤镜或滤镜组保存为预设滤镜，以备日后使用。创建预设滤镜的具体操作如下：

（1）选中要保存为预设的滤镜或滤镜组，然后单击"选项"按钮。

（2）在弹出的下拉菜单中选择"另存为预设"命令。

（3）在打开的"将预设另存为"对话框中输入预设名称。

（4）单击"确定"按钮。此时，"选项"下拉菜单上即会显示添加的预设滤镜。以后在其他对象上使用该滤镜时，直接单击"选项"按钮，在弹出的下拉菜单中选择相应的滤镜名称即可。

> **注意**：将预设滤镜应用于对象时，Animate 会将当前应用于所选对象的所有滤镜替换为预设中的滤镜。

此外，可以在"选项"下拉菜单中通过"编辑预设"命令重命名或删除预设滤镜，但不能重命名或删除标准 Animate 滤镜。

7.1.3　使用滤镜

Animate 2024 含有 7 种滤镜，包括"投影""发光""模糊""斜角""渐变发光""渐变斜角"和"调整颜色"等多种效果。以下详细介绍各种滤镜的设置及效果。

1. 投影

"投影"滤镜可模拟对象向一个表面投影的效果，或者在背景中剪出一个形似对象的洞，来模拟对象的外观。"投影"的选项设置如图 7-5 所示。

图 7-5　"投影"选项设置

- 模糊 X 和模糊 Y：模糊柔化的阴影宽度和高度。右边的🔒约束 X 轴和 Y 轴的阴影同时柔化，单击🔒，变为🔓可单独调整一个轴。模糊效果如图 7-6 所示。
- 强度：阴影暗度。效果如图 7-7 所示。

图 7-6　模糊柔化不同的投影效果

图 7-7　投影强度不同的投影效果

- 品质：阴影模糊的质量，质量越高，过渡越流畅，反之越粗糙。当然，阴影质量过高带来的肯定是执行效率的牺牲。如果在运行速度较慢的计算机上创建回放内容，应将质量级别设置为低，以实现最佳的回放性能。
- 颜色：阴影的颜色。
- 角度：阴影相对于元件本身的方向。
- 距离：阴影相对于元件本身的远近。如图 7-8 所示，左图投影距离为 5，右图为 20。
- 挖空：挖空源对象（即从视觉上隐藏），并在挖空图像上显示投影，如图 7-9 所示。

图 7-8　投影距离不同的投影效果　　　　图 7-9　挖空前后的投影效果

- 内阴影：在对象边界内应用阴影，如图 7-10 所示。
- 隐藏对象：不显示对象本身，只显示阴影，如图 7-11 所示。

图 7-10　应用内阴影前后的效果　　　　图 7-11　隐藏对象前后的效果

2. 模糊

"模糊"滤镜可以柔化对象的边缘和细节。将模糊应用于对象，可以让它看起来好像位于其他对象的后面，或者使对象看起来具有动感。效果如图 7-12 所示，左图为同时柔化，右图为单独柔化，且 Y 轴模糊值加大。

图 7-12　模糊 XY 效果

模糊的"品质"选项用于设置模糊的质量。设置为"高"时近似于高斯模糊。

3. 发光

"发光"滤镜可以为对象的边缘应用颜色，使对象周边产生光芒的效果。

- 颜色：发光颜色。
- 强度：光芒的清晰度。
- 挖空：隐藏源对象，只显示光芒，如图 7-13 所示。

图 7-13 挖空效果

- 内发光：在对象边界内发出光芒。

4. 斜角

"斜角"滤镜包括内侧斜角、外侧斜角和全部斜角三种效果，可以制造三维效果，使对象看起来凸出于背景表面。根据参数设置不同，可以产生各种不同的立体效果。

- 模糊 X 和模糊 Y：设置斜角的宽度和高度。
- 强度：斜角的不透明度。如图 7-14 所示，左图斜角的强度为 100%，右图为 500%。
- 阴影：设置斜角的阴影颜色。
- 加亮显示：设置斜角的加亮颜色。如图 7-15 所示，阴影色为黑色，加亮色为橙色。

图 7-14 斜角强度不同的效果   图 7-15 阴影和加亮效果

- 角度：斜边投下的阴影角度。
- 距离：斜角的宽度。如图 7-16 所示，左图距离为 5，右图为 45。
- 挖空：隐藏源对象，只显示斜角，如图 7-17 所示。

图 7-16 距离不同的效果   图 7-17 挖空的效果

- 类型：选择要应用到对象的斜角类型。可以选择"内侧斜角""外侧斜角"或者"全部斜角"，效果如图 7-18 所示。

图 7-18　不同类型的斜角效果

5. 渐变发光

"渐变发光"滤镜可以在发光表面产生带渐变颜色的光芒效果。"渐变发光"的选项设置如图 7-19 所示。

图 7-19　"渐变发光"选项

- 类型：选择要为对象应用的发光类型。可以选择"内侧""外侧"或者"全部"。发光颜色均为黄色的星形效果如图 7-20 所示。

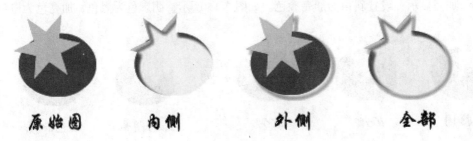

图 7-20　不同类型的渐变发光效果

- ▨：指定光芒的渐变颜色。渐变包含两种或多种可相互淡入或混合的颜色。选择的渐变开始颜色称为 Alpha 颜色，该颜色的 Alpha 值为 0。无法移动此颜色的位置，但可以改变颜色。还可以向渐变中添加颜色，最多可添加 15 个颜色指针。

"渐变发光"的其他设置参数与"发光"滤镜相同，在此不再赘述。

6. 渐变斜角

"渐变斜角"滤镜可以产生一种凸起的三维效果，使对象看起来好像从背景上凸起，且斜角表面有渐变颜色。"渐变斜角"要求渐变的中间有一个颜色，颜色的 Alpha 值为 0。无法移动此颜色的位置，但可以改变该颜色。"渐变斜角"的选项设置如图 7-21 所示。

- 类型：选择要为对象应用的斜角类型。可以选择"内侧""外侧"或者"全部"。
- ▨：指定斜角的渐变颜色。渐变包含两种或多种可相互淡入或混合的颜色。中间的指针控制渐变的 Alpha 颜色。可以更改 Alpha 指针的颜色，但是无法更改该颜色在渐变中的位置。

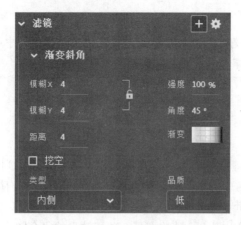

图 7-21　渐变斜角的选项

"渐变斜角"的其他设置参数与"斜角"滤镜相同，在此不再赘述。

7. 调整颜色

使用"调整颜色"滤镜，可以调整影片剪辑、按钮或者文本对象的亮度、对比度、色相和饱和度。

- 亮度：调整图像的亮度。数值范围为 −100～100。
- 对比度：调整图像的加亮、阴影及中调。数值范围为 −100～100。
- 饱和度：调整颜色的强度。数值范围为 −100～100。
- 色相：调整颜色的深浅。数值范围为 −180～180。

在颜色属性值上按下鼠标左键左右拖动，或滑动鼠标滚轮，或者在相应的文本框中输入数值，即可调整相应的值。

图 7-22 显示了调整对象颜色的效果。第一幅为原始图，右上是调整了亮度的效果图，左下调整了饱和度，右下调整了色相。

图 7-22　调整颜色的效果图

提示：如果只想将"亮度"应用于对象，建议使用属性面板中的"样式"控件。与应用滤镜相比，使用"样式"下拉列表中的"亮度"选项，性能更高。

7.2 混合模式

混合模式就像调酒，将多种原料混合在一起以产生更丰富的口味。至于口味的喜好、浓淡，取决于放入各种原料的多少以及调制的方法。在 Animate 中，使用混合模式可以改变两个或两个以上重叠对象的透明度或者颜色相互关系，可以混合重叠影片剪辑中的颜色，从而将普通的图形对象变形为在视觉上引人入胜的，具有独特效果的复合图像。

在 Animate 2024 中，混合模式只能应用于影片剪辑和按钮。也就是说，普通形状、位图、文字等都要先转换为影片剪辑或按钮才能使用混合模式。Animate 2024 提供 14 种混合模式，如图 7-23 所示。

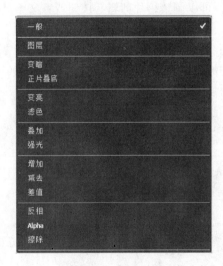

图 7-23 模式混合

若要将混合模式应用于影片剪辑或按钮，执行以下操作：

（1）选择要应用混合模式的影片剪辑实例或按钮实例。

（2）在属性面板的"混合"区域，从"混合模式"下拉列表中选择要应用的混合模式。

掌握了混合模式的使用方法后，再来看看 Animate 2024 中的 14 种混合模式的功能及作用：

- 一般：正常应用颜色，不与基准颜色有相互关系。
- 图层：层叠各个影片剪辑，而不影响其颜色。
- 变暗：只替换比混合颜色亮的区域。比混合颜色暗的区域不变。
- 正片叠底：将基准颜色复合以混合颜色，从而产生较暗的颜色。
- 变亮：只替换比混合颜色暗的像素。比混合颜色亮的区域不变。
- 滤色：用基准颜色复合以混合颜色的反色，从而产生漂白效果。
- 叠加：进行色彩增值或滤色，具体情况取决于基准颜色。

- 强光：进行色彩增值或滤色，具体情况取决于混合模式颜色。该效果类似于用点光源照射对象。
- 增加：在基准颜色的基础上增加混合颜色。
- 减去：从基准颜色中去除混合颜色。
- 差值：从基准颜色减去混合颜色，或者从混合颜色减去基准颜色，具体情况取决于哪个的亮度值较大。该效果类似于彩色底片。
- 反相：取基准颜色的反色。
- Alpha：应用 Alpha 遮罩层。该模式要求将图层混合模式应用于父级影片剪辑。不能将背景剪辑更改为"Alpha"并应用它，因为该对象将是不可见的。
- 擦除：删除所有基准颜色像素，包括背景图像中的基准颜色像素。该模式要求将图层混合模式应用于父级影片剪辑。不能将背景剪辑更改为"擦除"并应用它，因为该对象是不可见的。

各种混合模式的效果如图 7-24 所示。

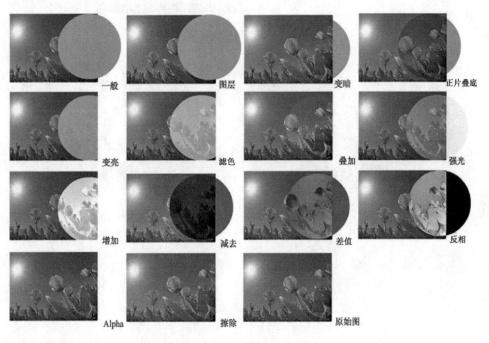

图 7-24　混合模式效果图

以上示例说明了不同的混合模式如何影响图像的外观。读者需要注意的是，一种混合模式可产生的效果会很不相同，具体情况取决于基础图像的颜色和应用的混合模式。因此，要调制出理想的图像效果，必须试验不同的颜色和混合模式。

7.3　本章小结

本章主要介绍了 Animate 处理对象的两种有力工具，滤镜和混合模式。利用这两种工具可以更充分地发挥创作者的想象力，也是 Animate 巨大魅力之所在。此外，Animate 还允许安装第三方的滤镜，在一定意义上，Animate 具有不可估量的图像处理功能，并能与其他图形处理程序联合使用。

7.4 思考与练习

1. 简单介绍什么是滤镜和混合模式。
2. 对图 7-25 中左边的对象进行滤镜处理，使其尽量实现右边对象的效果。

图 7-25 操作前后的效果图

3. 对图 7-26 中左边的对象进行混合模式处理，使其尽量实现右边对象的效果。

图 7-26 操作前后的效果图

第 8 章 ActionScript 基础

本章导读

　　本章主要介绍 ActionScript 3.0 的基本语法。ActionScript 既是本书的重点，也是学习 Animate 2024 的难点。许多动画特效的实现都是用它来完成的，可以说 ActionScript 是 Animate 的灵魂。任何一个动画制作高手无一不在脚本运用方面有很深的造诣。因此在本章中，将从 ActionScript 的基础知识开始讲起，为以后的学习打基础。

 学 习 要 点

- ActionScript 3.0 概述
- 函数和语法
- 事件处理

8.1 ActionScript 3.0 概述

ActionScript 3.0 是针对 Flash Player 运行时环境的编程语言，它用于处理各种人机交互、数据交互等功能。本节将简要介绍 ActionScript 语言的发展历史、术语等内容，以及一个简单的 ActionScript 3.0 程序。

8.1.1 ActionScript 简介

ActionScript 照英语翻译过来就是动作脚本语言。可能读者要问，什么是脚本语言？脚本语言其实是一种描述语言。按照官方的说法，ActionScritp 是 Animate 的脚本描述语言，它可以帮助用户灵活地实现 Animate 中内容与内容，内容与用户之间的交互。

ActionScript 最早出现在 Flash 5 中，版本为 1.0，是一种时序编程语言。脚本按顺序一步一步处理程序逻辑，运行速度非常慢，而且灵活性较差，代码很难重复利用。Flash MX 中的 ActionScript 解决了以前的一些问题，同时性能和开发模式也得到进一步的提升。Flash MX 2004 对 ActionScript 再次进行了全面改进，ActionScript 升级到 2.0，发展成为真正意义上的专业级的编程语言。

随着 Adobe Flash CS3 和 Flex 2.0 的推出，Adobe 公司在保留 ActionScript 1.0&ActionScript 2.0 的基础上，还引入了 ActionScript 3.0 完全标准的 OOP 程序设计。ActionScript 3.0 在使用时与以前两个版本有很多相似之处，但由于底层的本质不同，一些处理方法也发生了很大的变化，比如事件模型，显示对象的方法等。它是一门功能强大、符合业界标准的面向对象的编程语言，在 Flash 编程语言中有着里程碑的作用，可为开发人员提供用于丰富 Internet 应用程序（RIA）的可靠的编程模型。

Animate 的创作环境中也进行了一些与 ActionScript 相关的改进，引入了一些用于表现功能的新语言元素，还引入了一些用于应用程序开发的新语言元素，使 ActionScript 日趋成熟。这些增强功能使用户能够更轻松地使用 ActionScript 语言编写可靠的脚本。

8.1.2 使用 ActionScript 的一个简单实例

读者不必了解很多 ActionScript 的知识就可以写一个简单的脚本。下面的这个例子演示了如何通过给一个按钮添加脚本来改变影片剪辑的可见性。

（1）新建一个 ActionScript 3.0 文件。执行"插入"/"新建元件"命令，创建一个按钮元件，然后将其拖放到舞台上，在对应的属性面板上将其命名为 controlBT。

（2）在舞台上使用绘图工具箱中的"椭圆工具"绘制一个圆。选中圆，按下 F8 键将它转换为影片剪辑。

（3）选中舞台上的影片剪辑，在属性面板的实例名称文本框中输入"testMC"。

（4）选中舞台上的按钮实例 controlBT，打开"代码片断"面板，双击"事件处理函数"类别下的"Mouse Click 事件"，如图 8-1 所示，在脚本窗格中添加指定的代码片断。

此时在时间轴窗口中可以看到，Animate 自动在当前图层之上添加了一个名为 Actions 的图层，并将添加的代码放在第 1 帧。

（5）选中舞台上的影片剪辑实例 testMC，打开"代码片断"面板，双击"动作"类别下的"显示对象"代码片断，如图 8-2 所示，在脚本窗格中添加指定的代码片断。

图 8-1　添加"Mouse Click 事件"代码片断　　图 8-2　添加"显示对象"代码片断

（6）切换到"动作"面板，在脚本窗格中删除鼠标单击事件函数中的示例代码，然后将影片剪辑的显示对象动作代码移到鼠标单击事件处理函数中，并将影片剪辑的 visible 属性值修改为 false。此时，脚本窗格中的代码如下：

```
/* Mouse Click 事件
单击此指定的元件实例会执行您可在其中添加自己的自定义代码的函数。
*/
controlBT.addEventListener(MouseEvent.CLICK, fl_MouseClick);
function fl_MouseClick (event:MouseEvent):void
{
/* 显示对象
显示指定的元件实例。
说明：
1．使用此代码隐藏对象。
*/
testMC.visible = false;
}
```

（7）选择"控制"/"测试影片"菜单命令，然后单击按钮，可以看到 testMC 在舞台上消失了。

在上面的这个例子中，事件是单击之后释放鼠标键，对象是影片剪辑的一个实例 testMC，动作是 testMC.visible = false。单击按钮，一个释放事件触发一段脚本，这段脚本的作用是设置 testMC 对象的 visible 属性为 false，也就是不可见。这样 testMC 对象就变得不可见了。

8.1.3　ActionScript 中的术语

ActionScript 与其他编程语言一样，具有变量、操作符、语句、函数和语法等基本的编程要素，并且在结构和语法上与 JavaScript 非常相似。下面简要介绍 ActionScript 中的常用术语。

- Actions：动作，影片在播放时发出的命令声明。例如，gotoAndStop 表示跳转到指定帧然后停止。
- Arguments：参数，通过它可以传递数据给某个函数。
- Class：类，指定的对象类型。
- Constants：常量，数值不变的数据类型。
- Constructor：构造函数，用来定义类的属性和动作。
- Data Types：数据类型，指一系列的数据。可以是整型，也可以是字符型。
- Handlers：处理器，控制事件的专门动作。
- Identifiers：标识符，给对象、函数、动作等指定的名称。首字符必须是字母、下划线或者是 "$"，后面的字符必须是字母、数字、下划线或者是 "$"。
- Instances：实例，指对应于一个确定类的实例或是对象。
- Instance Name：实例的名称，通过名称，可以判定实例的属性。
- Keywords：关键字。
- Methods：方法，对一个对象指定动作的函数。
- Objects：对象，所有属性的体现者。每一个对象都有它自己的名称和数值。
- Operators：操作符，用来计算的符号。
- Target Pathes：目标路径，确定元件实例位置的方法。
- Properties：属性，用来定义一个对象的参数。
- Variables：变量，可变的数据类型，其值是可以改变的。

8.2 函数和语法

任何一门编程语言在编写代码时都必须遵循一定的规则，这个规则就是语法。ActionScript 3.0 也不例外，为用户提供了用于实现交互控制的常量、变量、函数表达式和运算符号，从而让用户实现复杂的交互控制。

8.2.1 常量

常量是指具有无法改变的固定值的属性，比如 Math.PI 就是一个常量。常量可以看作是一种特殊的变量，不过这种变量不能赋值，不能更改而已。

ActionScript 3.0 中提供了一个 const 关键字，用于声明常量。使用 const 声明常量的语法格式如下：

```
const 常量名：数据类型；
const 常量名：数据类型 = 值；
```

例如，下面的代码声明了常量 SCORE 为 Number 类型，且值为 108：

```
const SCORE:Number=108;
```

 提示：在 ActionScript 3.0 中，常量名最好全部使用大写。

Animate 为用户提供了 3 种不同的常量类型：

● 数值型：通过具体数值表示的定量参数。

● 字符串型：由若干的字符组成，常用于表示某一个特定的含义，如屏幕提示等。与数值不同的是，由数字组成的字符串不表示具体的值。在字符串的两端必须用引号加以区分。

● 布尔型：用来判断条件是否成立，成立为"真"，用 True 或用 1 表示；不成立为"假"，用 False 或 0 表示。

ActionScript 中的全局常量见表 8-1。

表 8-1　ActionScript 中的全局常量

分　类	说　明
Infinity	表示正无穷大
−Infinity	表示负无穷大
NaN	Number 数据类型的一个特殊成员，用来表示"非数字"(NaN) 值
undefined	一个适用于尚未初始化的无类型变量或未初始化的动态对象属性的特殊值

8.2.2　变量

变量是为存储数据而创建的标识符，可为函数和语句提供可变的参数值。变量实际上就是一个信息容器，容器本身都是相同的，但它的内容却是可以修改的。每一个动画作品都有它自己的变量，在引用的时候必须使用动画作品名或者实例名称作为变量的前缀。用户可以利用变量来保存或改变动作语句中的参数值。

变量可以是数值、字符串、逻辑字符以及函数表达式，必须先声明后使用。在 ActionScript 3.0 中，使用 var 关键字来声明变量。格式如下：

```
var 变量名：数据类型；
var 变量名：数据类型 = 值；
```

变量名加冒号加数据类型就是声明变量的基本格式。要声明一个初始值，需要加上一个等号并在其后输入值。但值的类型必须与前面的数据类型一致。

例如：

```
var tm:Number;
var snd:Sound=new Sound();
```

变量的命名可以是任意的，但应有规则，便于阅读。杂乱无章的命名容易引起代码的混乱，也不容易进行维护操作。变量的命名应遵循以下几条原则：

（1）变量名必须是一个标识符，第一个字符可以是字母、下划线（_）或美元符号（$），但不能使用数字，其后的字符可以是字母、数字、下划线或美元符号。

（2）变量的名称中间不能有空格。例如，my girl 就是错误的，在它们中间加入下划线符号，my_girl 就是正确的变量名了，而且两词之间只能使用下划线符号连接。

（3）不能使用与关键字或动作脚本文本相同的名称，例如，true、false、null 或 undefined。不能使用 ActionScript 的保留字，否则编译器会报错。

变量的默认值是指变量在没有赋值之前的值。ActionScript 3.0 的数据类型都有各自的默认值，常见数据类型变量的默认值如下：

- Boolean：false
- int：0
- Number：NaN
- Object：null
- String：null
- uint：0
- *：undefined

> 注意：ActionScript 3.0 引入了三种特殊类型的无类型说明符：*，void 和 null。
>
> *类型用于指定属性是无类型的，与不使用类型注释等效。该说明符主要用于两方面：将数据类型检查延缓到运行时和将 undefined 存储在属性中。
>
> void 用于说明函数不返回任何值。void 类型只有一个值：undefined。该说明符仅用于声明函数的返回类型。
>
> null 是一个没有值的特殊数据类型，只有一个值：null。null 数据类型不与任何类相关联。不可将 null 数据类型用作属性的类型注释。

与其他编程语言一样，ActionScript 中的变量也有作用范围，即作用域。变量的作用域是指可以使用或者引用该变量的范围。通常变量按照其作用域的不同可以分为全局变量和局部变量。全局变量指在函数或者类之外定义的变量；而局部变量是指在类或者函数之内定义的变量。

全局变量在代码的任何地方都可以访问，在函数之外声明的变量同样可以访问，如下面的代码，函数 Example_01() 外声明的变量 i 在函数体内同样可以访问。

```
// 定义变量 i
var i:int=1;
// 定义 Test 函数
function Example_01() {
trace(i);
}
Example_01()// 输出 1
```

8.2.3　属性

在 OOP 中，对象的主要构成包括属性（properties）和方法（methods）。对象用各个独立的属性来存放数据，例如，不同的桌子有不同的高、宽、材料、重量、颜色，正是这些属性使同一类物品的不同对象互相区别。本节简要介绍 ActionScript 3.0 中显示对象的常用属性。

在 ActionScript 3.0 中，显示对象（Display Object）分为两类：一种是可以包含其他显示对象的显示对象容器（DisplayObjectContainer），简称容器，Sprite、Stage、Loader 以及 Sprite 的子类 MovieClip 都是比较重要的容器类。另一种是单纯的显示对象，不能包含其他显示对象，简称非容器。

一个程序中，所有的显示对象又被分为在显示列表中（Display List）和不在显示列表中（off-list）两种。在显示列表中的显示对象会被 Flash Player 渲染，不在显示列表中的显示对象不会被渲染。

ActionScript 3.0 中显示对象的可视属性列表见表 8-2。

表 8-2　显示对象的可视属性列表

属性名称	所包括的类	说　明
横坐标	x	显示对象注册点离父容器注册点的横向距离
纵坐标	y	显示对象注册点离父容器注册点的纵向距离
宽度	width	显示对象最左边缘到最右边缘的距离
高度	height	显示对象最上边缘到最下边缘的距离
横向缩放比例	scaleX	横向缩放比例值，1 表示宽度不变
纵向缩放比例	scaleY	纵向缩放比例值，1 表示高度不变
鼠标相对纵坐标	mouseY	当前鼠标相对于显示对象注册点的纵向距离。只读
鼠标相对横坐标	mouseX	当前鼠标相对于显示对象注册点的横向距离。只读
可见性	visible	显示列表中对象是否可见，布尔值
顺时针旋转角度	rotation	显示对象绕轴点顺时针转动的角度。$0°\sim180°$ 表示顺时针旋转的角度，$0°\sim-180°$ 表示逆时针旋转的角度。如果超过这个范围则自动减去 360 的整数倍
透明度	alpha	显示对象的透明度，值在 $0\sim1$，0 表示完全透明，1 表示完全不透明

注意：在 ActionScript 早期版本中，影片剪辑的 alpha 属性值的范围是 $0\sim100$，在 ActionScript 3.0 中是 $0\sim1$。

例如，设置实例的不透明度为 50% 的代码如下：

```
myMC.alpha = 0.5;
```

显示对象的 scaleX 和 scaleY 属性在 ActionScript 3.0 中也以类似方式设置。例如，将实例以 150% 等比缩放的代码如下：

```
myMC.scaleX = 1.5;
myMC.scaleY = 1.5;
```

显示对象的 5 种常用非可视属性见表 8-3。

表 8-3　显示对象的非可视属性列表

属性名称	所包括的类	说　明
显示对象名字	name	显示对象的名字，字符串类型
父容器	parent	显示列表中的每一个显示对象都有父容器。parent 属性持有显示对象父容器的引用。如果显示对象不在显示列表中，则该属性为 null
根容器	root	一般返回当前 SWF 主类的实例的引用。如果显示对象不在显示列表中，返回 null
舞台	stage	该属性持有指向该显示对象所在的舞台的引用
遮罩	mask	持有的引用是用来遮罩的显示对象

8.2.4 运算符与表达式

运算符是能够提供对数值、字符串、逻辑值进行运算的关系符号。而表达式是由常量、变量、函数和运算符按照运算法则组成的计算关系式。在数据运算中，使用表达式表达想要达到的效果，使用运算符进行相关的运算。

Animate 中常见的运算符有以下几种。

1. 算术运算符

算术表达式由数值函数、算术运算符组成，结果是数值或是逻辑值。这里只列出 Action-Script 中的算术运算符，见表 8-4。

表 8-4 算术运算符

操作符	含义	示例 (a:int=1,b:int=2,c:Boolean=true)
+	加法	a+b //5
−	减法	a−b //−1
*	乘法	a*b //2
/	除法	a/b //0.5
%	求模	a%b //1
+ +	自加	a++ //2
− −	自减	b−− //1
−	求反	−c //false

2. 关系运算符

关系运算符用于表达式，计算结果是布尔值。只要在一个表达式中使用了关系运算符，那么表达式的结果就是一个布尔值。这种表达式通常用于表示某种判断，表达式值为 true，表明判断成立，否则判断不成立。这种表达式一般用在条件判断语句中，根据结果执行不同的代码。

常见的关系运算符一般分为两类：一类用于判断大小关系，一类用于判断相等关系。表 8-5 列出了这些运算符。

对于基元数据类型，如果等式两边的值相同，即可判断为相等。如果是复杂数据类型，判断相等的不是等号两边的值，而是判断等式两边的引用是否相等。

> **注意：** "=="和"!="在判断时候会将等式两边的值强制转换为同一类型。"==="和"!=="在判断时候不会将等式两边的值进行强制转换，因此，如果等式两边的数据类型不同，则一定会返回 false。

表 8-5 关系运算符

操作符	含义	操作符	含义
>	大于	==	等于
<	小于	!=	不等于
>=	大于等于	===	严格等于
<=	小于等于	!==	严格不等于

3. 逻辑运算符

逻辑表达式由逻辑值、以逻辑值为结果的函数、算术表达式或字符串表达式和逻辑运算符组成，其计算结果是逻辑值。

逻辑运算符比较两个布尔类型的变量并且返回一个布尔值。例如，如果两个操作数都是true，那么对它们进行逻辑与运算（&&），结果为 true。两个操作数中只要有一个是 true，那么对它们进行逻辑或运算（||）的结果为 true。逻辑运算符通常用来连接两个关系运算的结果，产生一个更加复杂的判断语句。表 8-6 列出了所有的逻辑运算符。

表 8-6　逻辑运算符

操作符	含义
&&	逻辑与
||	逻辑或
!	逻辑非

4. 位运算符

所谓位运算，就是对每一个二进制数进行位与位之间的运算。举个例子，如有两个二进制数 10101111 和 01010101，它们进行位"与"运算，结果是 00000101。

表 8-7 列出了所有的位运算符。

表 8-7　位运算符

操作符	含义	操作符	含义
&	位与	<<	按位左移
|	位或	>>	按位右移
^	位异或	>>>	按位无符号移位，右移最左边补零
~	位非		

5. 赋值运算符

等于运算符是" = = "，赋值运算符是" = "，注意不要混淆。而且赋值运算符支持多变量赋值，例如 a=b=c=d=2，则四个变量都等于 2。

还有一种就是组合赋值运算符，例如 x+=5，等价于 x=x+5。其他的与此类似，表 8-8 列出了所有的这类运算符。

表 8-8　赋值运算符

操作符	含义	操作符	含义
=	赋值	<<=	左移并且赋值
+=	加并且赋值	>>=	右移并且赋值
-=	减并且赋值	>>>=	按位无符号移位并且赋值
*=	乘并且赋值	^=	异或并且赋值
/=	除并且赋值	|=	位或并且赋值
%=	求模并且赋值	&=	位与并且赋值

8.2.5　ActionScript 3.0 语法

（1）点语法。在 ActionScript 语言中，点运算符（.）用于访问对象和影片剪辑的属性和方法，也可以用于指定影片剪辑和变量的目标路径。点语法表达式以对象或影片剪辑的名称开头，然后跟上"."，并以需要指定的属性、方法或变量结尾。下面是点语法的使用例子：

```
MyClip.play();
```

点语法还有两个专有名词：root 和 parent。root 指主时间轴，可以使用 root 创建一个绝对的目标路径。parent 则用于指定相对路径，或者称为关系路径。

```
root.function.gorun();
root.runout.stop();
```

在这里，需要提请注意的是，ActionScript 3.0 中没有 global 路径。如果要在 ActionScript 3.0 中使用全局引用，应创建包含静态属性的类。将 parent 属性添加到显示列表（即嵌套时间轴）时，可以作为任何实例的 parent 属性访问。root 属性与载入影片的每个 SWF 相关，将实例添加到嵌套时间轴时，可通过 root 属性访问。this 别名持有当前对象的引用，只限于实例属性和实例方法。在 ActionScript 3.0 中，对于载入影片的每个 SWF，时间轴有一个 stage 属性和一个 root 属性。stage 属性持有的引用指向该显示对象所在的舞台。在 ActionScript 3.0 中，舞台是根容器。根容器下面是 SWF 主类的实例（即文档类的实例）。所有的显示对象的 stage 属性指向舞台，root 属性指向 SWF 主类的实例。

（2）分号的使用。在 ActionScript 中，每个声明都以"；"号结尾，ActionScript 语句用分号表示语句结束。如：

```
var Beauty:String="Cindy";
var firstRow:int=0;
```

（3）圆括弧（()）的使用。定义一个函数时，要把所有的参数都放置在圆括弧中，否则不起作用。

```
function Bike(var Owner:String,var size:Number) {
    // 函数体
}
```

在调用函数时，该函数的参数也只有放在圆括弧中才能起作用。

```
Bike("Good",100);
```

另外，圆括弧还可以改变运算中的优先级。

```
a=(1+2)*10;
```

在点语法中，还可使用圆括弧将表达式括起来放在点运算符的左边，并对该表达式求值。

```
(new Sound(new URLRequest("music.mp3"))).play(channel.position);
```

如果不使用圆括号，则要使用如下语句：

```
var snd:Sound=new Sound(new URLRequest("music.mp3"));
var channel:SoundChannel=snd.play();
var pausePosition:int;
```

```
pausePosition=channel.position;
snd.play(pausePosition);
```

（4）大括号（{}）的使用。在 ActionScript 中，大括号能够把声明组合成为一个整体，主要用于编程语言程序控制，函数和类中。在构成控制结构的每个语句前后都应添加大括号（例如 if..else 或 for），即使该控制结构只包含一个语句。

```
function playIt(event:MouseEvent):void
{
    ballClip.visible=true;
    flyClip.visible=false;
}
```

（5）大小写的区别。ActionScript 从 2.0 开始区分大小写。因此，变量 firstClip 与 firstclip 不一样；语句 var str:String; 可通过编译，而 var str:string; 则会报错。

关键字和保留字的拼写必须与语法一致，要做到这一点很容易，因为在 Animate 的"动作"面板中，关键字和保留字会显示为不同的颜色。

（6）注释。注释是使用一些简单易懂的语言对代码进行简单的解释的方法。注释语句在编译过程中并不会进行运算。

良好的编程习惯往往可以起到事半功倍的效果，有可能的话，应尽量给复杂的语句加上注释，描述代码的作用，或者返回到文档中的数据，这不仅可以帮助用户记忆编程的原理，对以后的修改以及阅览都能提供很大的帮助。

ActionScript 3.0 中的注释语句有两种：单行注释和多行注释（或称"块注释"）。

单行注释以两个单斜杠（//）开始，之后的一行内容为注释。例如：

```
trace("oh my God!")        // 输出 oh my God!
```

块注释以 /* 开头，以 */ 结束，将注释标记添加到注释内容的开头和结尾。例如：

```
/* Mouse Click 事件
单击此指定的元件实例会执行您可在其中添加自己的自定义代码的函数。
说明：
1. 在以下 "// 开始您的自定义代码 " 行后的新行上添加您的自定义代码。
单击此元件实例时，此代码将执行。
*/
```

8.2.6　预定义函数和自定义函数

如果某些按钮的功能一样，在为按钮指定动作时，必须一个一个地为它们写脚本，即使用复制粘贴功能，重复的操作也是很让人讨厌的。函数这时候就有用处了，用户可以把相同的代码写到一个函数中，然后在各个需要的地方调用这个函数。可能读者会说，那不是也要每一个地方都调用？好，再想想，如果要修改按钮的功能代码，所有按钮的代码都必须改动，为了保持所有的代码的一致性，不得不反复做同样的事情，简直就是一场噩梦。如果使用了函数，用户只需要修改一处，就可以完成所有的修改工作。因此，使用函数的第一大好处就是，只要写一次，可以使用任意多次。

1. 预定义函数

Animate 提供了很多功能强大的预定义函数，其实 Animate 里面的很多命令就是函数，例如 trace、play、gotoAndStop 等。

预定义函数一般使用在表达式中。所有的函数都必须在函数名称之后跟一对括号，括号里可以没有参数，也可以有一个或多个参数。调用函数采用如下方式：

```
functionName(argument list);
```

对于 Animate 预定义的函数，用户可以在任何地方随时调用它。

2. 自定义函数

自定义函数可以写在主时间轴的关键帧中，也可以写在某个元件实例的关键帧中。调用自定义函数时，需要指定它的路径。如果是在自定义函数的同一时间轴中调用它，那么就和预定义函数一样，直接调用就可以了。如果要在另一个不同的时间轴调用，那么必须在函数名前面加上它的路径，可以是相对路径，也可以是绝对的路径。比如：root.functionName()，就是调用位于主时间轴中的一个自定义函数。

在 ActionScript 3.0 中有两种定义函数的方法：一种是常用的函数语句定义法；一种是 ActionScript 独有的函数表达式定义法。具体使用哪一种方法来定义，用户可根据编程习惯来选择。

（1）函数语句定义法。函数语句定义法是程序语言中基本类似的定义方法，使用 function 关键字来定义，其格式如下：

```
function 函数名 (参数1:参数类型，参数2:参数类型…) : 返回类型
{
// 函数体
}
```

代码格式说明如下：

- function：定义函数的关键字。注意 function 关键字要以小写字母开头。
- 函数名：定义函数的名称。函数名要符合变量命名的规则，函数名的意义最好能与其功能一致。
- 小括号：定义函数必需的格式，小括号内的参数和参数类型都可选，多个参数之间用逗号分隔开。
- 返回类型：定义函数的返回类型，也是可选项。若要设置返回类型，冒号和返回类型必须成对出现，而且返回类型必须是存在的数据类型。

定义一个返回值的函数，需要在函数的最后加上一句 return value; value 是要返回的函数值，可以是一个数字，也可以是一个定义的变量，还可以是一个表达式，这个值将被返回到调用该函数的地方。

- 大括号：定义函数的必需格式，需要成对出现。括起来的是函数定义的程序内容，是调用函数时执行的代码。

例如：

```
function test(a:String) :String
{
```

```
    a=a+ ",  say Hello!";
    return a;
}
trace(test("Andy"));        // Andy, say Hello!
```

上例中，使用 test("Andy") 调用函数，参数 a 被赋值 "Andy"，a 经过字符串运算得到 Andy, say Hello!，再次赋值给 a 并返回值。

（2）函数表达式定义法。函数表达式定义法有时也称为函数字面值或匿名函数。这是一种较为繁杂的方法，在早期的 ActionScript 版本中广为使用。其格式如下：

```
var 函数名 :Function=function( 参数 1: 参数类型 , 参数 2: 参数类型…): 返回类型
{
// 函数体
}
```

代码格式说明如下：

● var：定义函数名的关键字，要以小写字母开头。
● Function：指示定义数据类型是 Function 类。

 注意：这里的 Function 为数据类型，应以大写字母开头。

● =：赋值运算符，把匿名函数赋值给定义的函数名。
● function：定义函数的关键字，指明定义的是函数，应以小写字母开头。
例如：

```
var watchMovie:Function=function(age:int):void
{
  if (age > 18)
  {
    trace("you could watch all the movie.");
  }
  else
  {
    trace("you can only watch part of the movie.");
  }
}
watchMovie(12);    // you can only watch part of the movie.
watchMovie(20);    // you could watch all the movie.
```

在两种定义函数方法的选择上，推荐使用函数语句定义法定义函数。这种方法更加简洁，更有助于保持严格模式和标准模式的一致性。而函数表达式定义方法更多地用在动态编程或标准模式编程中，主要用于适合关注运行时行为或动态行为的编程，或使用一次后便丢弃的函数或者向原型属性附加的函数。

预定义函数可以在任何地方调用，调用自定义函数则必须有一个路径。通常，可以把所有自定义的函数都写在主时间轴的关键帧中，在调用这些函数的时候，只需要在函数名字前面加

上 root.，例如：

```
root.test("Crise");
root.watchMovie(18);
```

8.2.7 基本控制命令

1. 播放控制

- stop 语句：该语句可以使播放中的动画暂停，并使播放指针停留在当前帧。例如：

```
stop();
MyClip.stop();
```

- play 语句：该指令用于使动画从当前帧进行播放。例如：

```
play();
MyClip.play();
```

2. 跟踪、跳转及条件

- trace 语句：该语句用于在动画的播放过程中输出值，这是 Animate 高级用户调试程序的重要命令之一。语法结构如下：

```
trace();
```

需要注意的是，trace（）括号中的内容与程序中变量的类型要匹配。

- goto 语句：该语句主要用来控制播放指针的跳转。当动画执行到此语句时，会自动跳到指定的帧，并根据设置继续执行或停止动画的播放。例如：

```
gotoAndPlay(1",场景 1");
gotoAndStop(currentFrame + 5);
gotoAndPlay((Math.random()*10)+1);
```

- if 语句：通过一些条件来执行动画中的语句，这是在 Animate 交互动画中最常用的命令之一。条件语句可以进行嵌套。语法结构如下：

```
if（条件）{
动作语句 1;
}
else{
动作语句 2;
}
```

3. 显示、拖动

- addChild 和 addChildAt 语句：该语句用于在播放时新建一个对象显示在屏幕上。

在 ActionScript 3.0 中，要把一个对象显示在屏幕中，需要两步：一是创建显示对象，二是把显示对象添加到容器的显示列表中。在 ActionScript 3.0 中创建一个显示对象，只需使用 new 关键字加类的构造函数即可。例如：

```
// 创建显示对象
```

```
var redBall:Ball=new Ball();
// 设置对象宽度和高度
redBall.scaleX=20;
redBall.scaleY=20;
// 将对象显示在屏幕
addChild(redBall);
```

- removeChild() 和 removeChildAt() 语句：该语句用于在播放时移除位于显示对象列表中的显示对象。

removeChild 用于移除指定名称的显示对象，语法结构如下：

```
容器对象 .removeChild( 显示对象 );
```

例如：

```
var fl _ProLoader:ProLoader;
removeChild(fl _ProLoader);
```

removeChildAt 用于删除指定位置索引的显示对象，语法结构如下：

```
容器对象 .removeChildAt( 位置索引 );
```

- StartDrag、StopDrag 语句：该语句可以在拖动鼠标的过程中修改对象的位置。

在 ActionScript 3.0 中，只有 Sprite 及其子类才具有 StartDrag()、StopDrag() 方法和 dropTar-get 属性。也就是说，只有 Sprite 及其子类才可以被拖动，执行拖曳动作。ActionScript 3.0 中的 StartDrag() 方法的参数和使用格式如下：

```
显示对象 .startDrag( 锁定位置 , 拖动范围 );
```

锁定位置是一个 Boolean 值，true 表示锁定对象到鼠标位置中心，false 表示锁定到鼠标第一次单击该显示对象所在的点上。该参数为可选参数，不选默认为 false。

拖动范围是一个 Rectangle 矩形对象，相对于显示对象父坐标系的一个矩形范围。也为可选参数，默认值为不设定拖动范围。

例如：

```
// 前两个参数表示 x,y 坐标，后两个参数表示要移动的水平和垂直像素量
var fw:Rectangle=new Rectangle(myClip.x,myClip.y,300,0);
myClip.startDrag(false,fw);
```

拖动结束命令 stopDrag() 不需要设置参数，例如：

```
myClip.stopDrag();
```

4. 加载外部动画以及建立 URL 地址连接语句

- load/unload 语句：加载 / 卸载外部动画。

在 ActionScript 2.0 中，用户可以使用 MovieClip 的 loadMovie() 函数和 loadMovienum() 函数载入外部的影片，也可以用 MovieClipLoader() 类来载入并控制外部的影片。在 ActionScript 3.0 中，这些函数和类全部被删除了，要实现相同的功能，必须使用显示对象的 Loader 类。

若要加载外部的 SWF 影片，需要执行以下操作：

（1）先创建一个 URLRequest 对象，用于储存要载入文件的 URL。

（2）创建一个 Loader 对象。

（3）调用 Loader 对象的 load() 方法，并把 URLRequest 对象作为参数传递给 Loader 对象。

（4）建立一个空的显示对象容器，使用 addChild() 方法将其添加到舞台，用于加载外部载入的影片。

（5）建立事件侦听函数，侦听加载事件是否完成。

（6）加载完成之后，使用 addChild() 方法将 Loader 对象添加入空白显示对象容器。

例如：

```
import fl.display.ProLoader;
var fl_ProLoader:ProLoader;
fl_ProLoader = new ProLoader();
fl_ProLoader.load(new URLRequest( "http://123.com/pic.jpg "));
addChild(fl_ProLoader);
```

unload 为卸载外部动画，用于将指定播放层中的动画作品关闭，例如：

```
fl_ProLoader.unload();
removeChild(fl_ProLoader);
fl_ProLoader = null;
```

- navigateToURL 语句：该语句可以在 Animate 作品中创建连接，使得在动画播放的过程中，通过动画中的按钮打开 Web 上的 URL，这样，Animate 作品的内部就能够建立用于浏览的连接响应。例如：

```
// 在一个新窗口中打开指定的 URL
navigateToURL(new URLRequest("http://www.adobe.com"), "_blank");
```

8.2.8　条件语句和循环语句

条件语句和循环语句是脚本语言里非常重要的语句。只要读者编过程序，就一定会对这两种语句有着说不出的感情。

1. 条件语句

ActionScript 3.0 有四个可用来控制程序流的基本条件语句。

- if：判断一个控制条件，如果该条件能够成立，则执行一个代码块，否则不执行。

```
if（条件表达式）
{
代码块；　　// 在条件成立时，执行这里的语句；
}
```

- if…else：判断一个控制条件，如果该条件能够成立，则执行一个代码块，否则执行另一个代码块。

```
if（条件表达式）
{
代码块 1；　// 条件成立执行
}
```

```
else
{
代码块 2；  // 条件不成立执行
}
```

● if…else if…else：判断一个控制条件，如果该条件能够成立，则执行一个代码块；否则判断一个控制条件，条件能够成立，则执行一个代码块；否则……。这种情况下，else if 语句可以一直写下去，用以判断多种情况。

```
if( 条件 1)
{
代码块 1；            // 条件 1 成立时执行的语句；
}
else if( 条件 2)
{
代码块 2；            // 条件 2 成立时执行的语句；
}
……
else if( 条件 m)
{
代码块 m；            // 条件 m 成立时执行的语句；
}
else{
代码块 n；            // 条件 m 不成立时执行的语句；
}
```

● switch…case…break…default：该语句属于多条件分支语句，相当于一系列的 if…else if…语句，但是要比 if 语句条理清晰。switch 语句不是对条件进行测试以获得布尔值，而是对表达式进行求值并使用计算结果来确定要执行的代码块。

```
switch ( 条件表达式 ) {
    case 值 1：
        代码块 1；     // 表达式的值为值 1 时执行
        break；        // 跳出循环
    case 值 2：
        代码块 2；     // 表达式的值为值 2 时执行
        break；        // 跳出循环
    ……
    case 值 m：
        代码块 m；     // 表达式的值为值 m 时执行
        break；        // 跳出循环
        default：
        代码块 n；     // 没有找到相等的值时执行
}
```

2. 循环语句

使用循环语句可以控制要重复执行的某些代码。其中重复执行的代码称为循环体，能否重复操作，取决于循环的控制条件。

循环程序的结构一般分为两种：一种先进行条件判断，若条件成立，执行循环体代码，执行完之后再进行条件判断，条件成立继续，否则退出循环。若第一次条件就不满足，则一次也不执行，直接退出。另一种是先不管条件，依次执行循环体语句，执行完成之后进行条件判断，若条件成立，循环继续，否则退出循环。

循环语句也有四种：

● for

```
for（初始条件；条件判断；步进语句）
{
// 循环体；
}
```

例如：

```
for (var i:int = 1;i < 10;i++)
{
trace("current iteration is "+i);
}
```

下面仔细看看这个循环语句的具体执行过程。

第一次进入循环，i = 1，判断 i< 10 成立，执行循环中的语句，输出 current iteration is 1；

第二次进入循环之前，先执行 i++ 语句，此时 i = 2，判断 i< 10 成立，则执行循环体中语句，输出 current iteration is 2；

……

第十次进入循环之前，i=9，执行 i++ 后，i=10，判断 i<10 不成立，退出循环，结束执行。

所以上述语句总共执行 9 次循环。

考虑下面的这条循环语句：

```
for (var i:int=0; i==10 ; i++)
{
trace("current iteration is "+i);
}
```

这个循环将被执行多少次？答案是 0 次。为什么？刚开始进入时，i = 0，然后判断 i==10 不成立，所以一次都没有执行，直接退出。

再考虑一条循环语句：

```
for (var i:int= 0; i = 10; i++)
{
//the statements you do here;
}
```

这个循环将被执行多少次？可能读者觉的这条语句写的很不舒服，在解释它之前，我先告诉读者答案，是无穷多次，这个循环是一个死循环，将一直执行。为什么？

注意条件判断语句，写的是 i = 10，这是一条赋值语句，不管怎么样都为真，每次判断都是给 i 赋值成 10，所以一直执行下去。之所以写这么一个例子，是因为很多读者会一不小心把 == 写成 =，一定要注意这种问题。

- for…in 和 for each…in

这两个语句有点特殊，都可以用于枚举对象属性或数组元素，因此它们只能与数组以及对象数据类型一起使用。不同的是，for…in 的枚举变量为枚举对象的成员名字；for each…in 的枚举变量为枚举对象的成员。如果要访问枚举对象的成员名字，则只能使用 for…in。看下面的例子：

```
// 定义数组
var fruits:Array =["apple","pear","banana","orange","peach"];
// 执行遍历操作
for (var n:String in fruits)
{
// 输出属性名称和属性值
trace(fruits[n]);
}


// 定义对象
    var beauty:Object = {name:"Crise", age:24};
    // 执行 for each 遍历操作
    for each (var i:String in beauty) {
        // 输出属性值
        trace(i);          // Crise 24
    }
```

使用起来就这么简单，在读者不知道数组里有多少个元素，或者读者不想知道，或者它的元素个数一直在变化，可以用 for in 或 for each…in 实现对所有数组元素的遍历。

- while

while 语句在条件成立的时候循环，一直到条件不成立。语法结构如下：

```
while(条件表达式)
{
// 循环体
}
```

while 的使用范围比 for 更广，更一般，完全可以把一个 for 循环改写成 while 循环。例如：

```
for (var n:int = 0; n < 10; n++)
{
//write your code here;
}
```

可以写成：

```
var n:int = 0;
```

```
while ( n < 10)
{
//write your code here;
n++;
}
```

它们的用处完全一样。

- do…while

do…while 语句与 while 语句基本相同，只不过 do…while 是先执行循环体，再判断条件表达式。所以 do…while 至少循环一次。do…while 的结构如下：

```
do{
// 循环体 ;
}
while ( 条件表达式 )
```

若条件表达式为 true，继续执行循环代码，否则退出循环。

例如：

```
var i:int=2;
do{
i++;
trace(i);
}
While(i<9)
```

上述语句输出 3 ~ 9，如果调换循环体中的两条语句的顺序，则输出 2 ~ 8。

8.2.9 实例——模拟星空

本节通过讲解模拟星空这个实例，介绍几个比较重要的函数，让读者加深印象，能尽快掌握。

本实例的最终效果是：屏幕上有一群星星在飞舞，如图 8-3 所示。在这个实例中要用到两个比较重要的函数：Math.random() 和 addChild()。

制作步骤如下：

（1）新建一个 ActionScript 3.0 文档，背景设置为黑色。

（2）按 Ctrl + F8 键创建一个名为 star 的影片剪辑。在元件编辑模式下，选择绘图工具箱中的 "椭圆工具" ⬤，然后在属性面板中设置无笔触颜色，内部填充色任意。按下 Shift 键的同时拖动鼠标，在舞台上绘制一个只有内部填充、没有边框的圆。

（3）选择绘图工具箱中的 "选择工具" ▶，选中舞台上的圆。

（4）选择菜单 "窗口" / "颜色" 菜单命令打开 "颜色" 面板。在 "颜色类型" 下拉列表中选择 "径向渐变"。

（5）单击渐变栏左边的颜色游标，然后在 R，G，B 和 Alpha 文本框中输入 255，255，255，100%。单击渐变栏右边的颜色游标，然后在 R，G，B 和 Alpha 文本框中输入 0，0，0，100%，填充效果如图 8-4 所示。

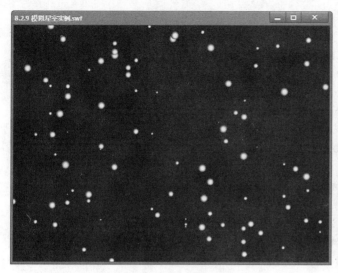

图 8-3　模拟星空　　　　　　　　　　　　图 8-4　填充效果

（6）单击编辑栏左上角的"返回场景"按钮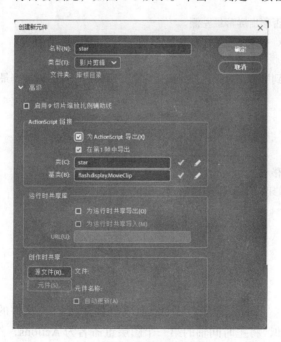，返回主时间轴。然后打开"库"面板，在影片剪辑 star 上单击鼠标右键，在弹出的快捷菜单中选择"属性"命令，弹出"创建新元件"对话框。

（7）展开"高级"选项，在"ActionScript 链接"区域选中"为 ActionScript 导出"复选框，下方的"类"和"基类"将自动填充，如图 8-5 所示。单击"确定"按钮关闭对话框。

图 8-5　"创建新元件"对话框

（8）在"库"面板中选中元件 star，然后单击鼠标右键，在弹出的快捷菜单中选择"编辑类"命令，打开 star.as 文件，添加下面的代码：

```
package {
      // 包路径
      import flash.display.MovieClip;
      import flash.events.*;
      // 定义 star 类
      public class star extends MovieClip {
      //  获取舞台宽度
private const W:Number=550;
//  生成一个 0 到 100 的随机整数
private var step:int=int(Math.random()*100);
      //  定义构造函数
public function star() {
      // 定义影片剪辑的 x 初始坐标值为舞台宽度，也就是工作区域的最右方
// 本例中的星星从右向左移动
      this.x=W;
      // 向左移，造成星星移动的效果
addEventListener(Event.ENTER_FRAME, starEnterFrame);
      }


          //Enter Frame 事件
public function starEnterFrame(event:Event):void
{
// 检测影片剪辑是否移出屏幕最左侧
      if (this.x < 0)
{
// 如果影片剪辑移到屏幕左边缘之外，则让它重新回到第 1 帧，即屏幕最右边
this.x=W;
}
 else
{
// 否则，继续向左移动
      // 可以通过修改 step 除的数来改变星星移动的快慢
this.x=this.x-step/5;
}
}
      }
}
```

（9）执行"文件"/"保存"命令，将 star.as 文件保存在 FLA 文件的同一目录下。

（10）返回主时间轴，将主时间轴的第一个图层重命名为 Actions，然后打开"动作"面板，添加下面的代码：

```
// 定义星星的数量
var starnum:int=99;
```

```
while(starnum>0)
{
        // 使用 Math.random() 方法生成一个 0.0 到 1.0 的随机数
        var ran:Number = Number(Math.random())+0.2;
        // 创建显示对象
        var cStar:star=new star();
        // 定义影片剪辑的 y 初始坐标为 0 ~ 400 的一个随机数
        // 在工作区域上就是从最上方开始到纵坐标为 400 的区域
        cStar.y=Math.random ()*400;
        // 设置影片剪辑的宽度
        cStar.scaleX=ran;
        // 设置影片剪辑的高度
        cStar.scaleY=ran;
        // 设置影片剪辑的透明度
        cStar.alpha=Math.random()*50+30;
        // 显示对象
        addChild(cStar);
        // 计数器递减
        starnum--;
}
```

（11）按 Ctrl + Enter 键测试。

这个例子只使用了两个函数，Math.random() 和 addChild()，可是效果很逼真。如果不用动作脚本，就要绘制很多星星，然后分别指定运动轨迹。比较一下工作量，就可以看到使用动作脚本多么简洁、有效。

8.3　事件处理

事件和事件处理是交互式程序设计的重要基础。利用事件处理机制，可以方便地响应用户输入和系统事件。

ActionScript 3.0 引入基于文档对象模型（DOM3）唯一的一种事件处理模式，取代以前各版本中众多的事件处理机制。基于文档对象模型（DOM3）是业界标准的事件处理体系结构，使用机制不仅方便，而且符合标准。ActionScript 3.0 全新的事件处理机制是 ActionScript 编程语言中的重大改进，在使用上也更加方便和直观。

8.3.1　Event 类

在 ActionScript 3.0 的事件处理系统中，事件对象主要有两个作用：一是将事件信息储存在一组属性中，代表具体事件；二是包含一组方法，用于操作事件对象和影响事件处理系统的行为。

在 ActionScript 3.0 中，Flash 播放器的应用程序接口中有一个 Event 类，作为所有事件对象的基类。也就是说，程序中所发生的事件都必须是 Event 类或者其子类的实例。

Event 类公开的属性只有 6 个：type、cancelable、target、currentTarget、eventphase、bubbles。这几个属性均为只读属性，下面分别进行简单介绍。

（1）type 属性：字符串类型，存储事件对象的类型。每个事件对象都有关联的事件类型。事件类型存储以字符串的形式存储在 Event.type 属性中。利用事件类型，可以区分不同类型的事件。

（2）cancelable 属性：表示事件的默认动作是否可以被阻止。事件的默认行为是否可以被阻止由布尔值表示，并存储在 Event.cancelable 属性中。通常与 preventDefault() 方法结合在一起使用的。

（3）target 属性：用于存储对事件目标的引用。

（4）currentTarget、eventphase 和 bubbles：这三个属性与 ActionScript 3.0 的事件流机制有关，平时用的不多。

Event 类的构造函数有 3 个参数：type、bubbles、cancelable，如下所示：

public function Event(type:String,bubbles:Boolean = false,cancelable:Boolean = false);

通常情况下只需 type 这个参数。

Event 类有 7 个实例方法，分别简要介绍如下：

- Event.clone() 方法：用于赋值 Event 子类实例，返回当前事件对象的一个副本。当需要自定义 Event 子类时，就必须要继承 Event.clone() 方法，用于赋值自定义类的属性。另外还要加上新的属性，否则在侦听器重写调用时，这些属性的值会出现错误。

- Event.toString() 方法：返回一个包含 Event 对象的所有属性的字符串。如果要自定义事件类，那么重写 toString() 方法时，可以使用 formatToString() 这个方法在返回的字符串中加入新的事件实例属性。

- Event.stopPropogation() 方法：可阻止事件对象传播，从而使侦听器失去作用。但只有在允许执行当前节点上的任何其他事件侦听器之后才起作用。该方法与事件流机制有关。

- Event.stopImmediatePropogation() 方法：也可阻止事件对象传播，但不允许执行当前节点上的任何其他事件侦听器。该方法与事件流机制有关。

- Event.preventDefault()、Event.isDefaultPrevented() 和 Event.cancelable 属性通常结合使用，用于取消事件的默认行为发生。

对于很多事件，使用 Event 类的一组属性就已经足够。但是，Event 类中的属性无法捕获其他事件具有的独特的特性，比如鼠标的点击事件，键盘的输入事件等。

ActionScript 3.0 的应用程序接口特意为这些事件准备了 Event 类的几个子类，主要包括：MouseEvent、KeyBoardEvent、TimerEvent 和 TextEvent。

8.3.2 鼠标事件

在 ActionScript 3.0 中，统一使用 MouseEvent 类管理鼠标事件。在使用过程中，无论是按钮还是影片剪辑，统一使用 addEventListener 注册鼠标事件。此外，若要在类中定义鼠标事件，则要先引入 flash.events.MouseEvent 类。

MouseEvent 类定义了 10 种常见的鼠标事件：

- CLICK：定义鼠标单击事件。
- DOUBLE_CLICK：定义鼠标双击事件。

- MOUSE_DOWN：定义鼠标按下事件。
- MOUSE_MOVE：定义鼠标移动事件。
- MOUSE_OUT：定义鼠标移出事件。
- MOUSE_OVER：定义鼠标移过事件。
- MOUSE_UP：定义鼠标弹起事件。
- MOUSE_WHEEL：定义鼠标滚轴滚动触发事件。
- ROLL_OUT：定义鼠标滑出事件，即鼠标指针移出按钮的可单击区域时触发事件。
- ROLL_OVER：定义鼠标滑入事件。即当鼠标指针移动到按钮的可单击区域时，事件发生（不需要鼠标被按下）。

例如：

```
myBtn.addEventListener(MouseEvent.CLICK, clickBtn);
function clickBtn(event:MouseEvent):void
{
    // 事件处理代码
}
```

8.3.3　键盘事件

键盘操作也是 Animate 用户交互操作的重要事件。当用户按下键盘上的键时，键盘事件发生。键盘事件区分大小写，也就是说，D 不等同于 d。因此，如果按 D 来触发一个动作，那么按 d 则不能。

键盘事件通常与按钮实例关联。虽然不需要操作按钮实例，但是它必须存在于一个场景中才能使键盘事件起作用，即使按钮不可见或不存在于舞台上。它甚至可以位于帧的工作区以使它在影片导出时不可见。

在 ActionScript 3.0 中使用 KeyboardEvent 类来处理键盘操作事件。它有如下两种类型的键盘事件：

- KeyboardEvent.KEY_DOWN：定义按下键盘时事件。
- KeyboardEvent.KEY_UP：定义松开键盘时事件。

> **注意**：在使用键盘事件时，要先获得它的焦点，如果不想指定焦点，可以直接把 stage 作为侦听的目标。

例如：

```
// 注册 KEY_DOWN 侦听器
stage.addEventListener(KeyboardEvent.KEY_DOWN, keyRun);
// 定义 KEY_DOWN 事件处理函数
function keyRun(event:KeyboardEvent):void
{
    // 事件处理代码
}
```

8.3.4 时间事件

在 ActionScript 3.0 中使用 Timer 类取代 ActionScript 之前版本中的 setinterval() 函数。TimerEvent 类管理 Timer 类调用的事件。使用 Timer 类产生的动画效果与使用帧循环 ENTER_FRAME 事件产生动画的原理一样，都是通过间隔一定的时间进行一次刷屏来实现动画效果。

> **注意**：Timer 类的 TimerEvent.TIMER 事件受 SWF 文件的帧频和 Flash Player 的工作环境（比如计算机的内存的大小）的影响，可能与 Animate 的刷屏不同步，产生延迟现象。所以在使用的时候，需要使用 updateAfterEvent() 方法强制更新屏幕。

Timer 类有两个事件，简要介绍如下：

- TimerEvent.TIMER：计时事件，按照设定的事件发出。
- TimerEvent.TIMER_COMPLETE：计时结束事件，当计时结束时发出。

ActionScript 3.0 中产生动画的方式有两种。第一种是定时更新：每隔一段时间让显示对象改变一次。使用 Timer 类对象定时发出事件，并侦听该对象的 TimerEvent.TIMER 事件，在侦听到事件时，指定动画代码。第二种是每帧更新：随着动画的播放，在每次屏幕更新时改变显示对象。这时需要侦听该显示对象发出的 Event.ENTER_FRAME 事件。

8.3.5 事件侦听器

事件侦听器是事件的处理者，负责接受事件携带的信息，并在接收事件之后执行事件处理函数体内的代码。

添加事件侦听的过程有两步：第一步是创建一个事件侦听函数，第二步是使用 addEventListener() 方法在事件目标或者任何显示对象上注册侦听器函数。

1. 创建事件侦听器

事件侦听器必须是函数类型，可以是一个自定义的函数，也可以是实例的一个方法。侦听器必须只有一个参数，且这个参数必须是 Event 类或者其子类的实例，而且返回值必须为 void。创建侦听器的语法格式如下：

```
function 侦听器名称 (evt:事件类型):void
{
// 事件处理代码
}
```

语法格式说明如下：

- 侦听器名称：要定义的事件侦听器的名称，命名需符合变量命名规则。
- evt：事件侦听器参数，必需。
- 事件类型：Event 类实例或其子类的实例。
- void：返回值必须为空，不可省略。

例如：

```
function clickToRun(event:MouseEvent):void
{
```

```
      // 事件处理代码
  }
```

2. 注册侦听器

侦听器是事件的处理者，只有事件发送者才可以侦听事件，注册侦听器。事件发送者必须是 EventDispatcher 类或其子类的实例。

在 ActionScript 3.0 中使用 addEventListener() 函数注册事件侦听函数。注册侦听的接口的定义如下：

```
public function addEventListener(type:String,listener:Function,useCaptu
re:Boolean = false,priority:int = 0,useWeakReference:Boolean = false):void
```

type 是事件类型；**listener** 是用来处理事件的侦听器。通常情况下只需要前两个参数：

```
public function addEventListener(type:String,listener:Function):void
```

注册侦听器的语法格式如下：

```
事件发送者 .addEventListener( 事件类型 , 侦听器 );
```

例如：`myClip.addEventListener(MouseEvent.CLICK, clickToRun);`

如果要删除事件侦听器，使用 removeEventListener() 函数。删除侦听器的语法格式如下：

```
事件发送者 .removeEventListener( 事件类型 , 侦听器 );
```

例如：`myClip.removeEventListener(MouseEvent.CLICK, clickToRun);`

8.3.6　实例——修改鼠标指针

本实例将利用动作脚本，把鼠标指针修改成指定的图形。

（1）新建一个 ActionScript 3.0 文件。按 Ctrl+ F8 键创建一个名为 Spiral 的影片剪辑。

（2）在元件编辑模式下，绘制一个如图 8-6 所示的风车图形。

（3）返回主场景，并打开"库"面板，从"库"面板中拖动一个 Spiral 实例到舞台上。

（4）选中舞台上的 Spiral 实例，在属性面板的"实例名称"文本框中输入 custommouse。

图 8-6　影片剪辑

（5）选中实例 custommouse，打开"动作"面板，在脚本窗口中添加如下代码：

```
/* 自定义鼠标光标
用指定的元件实例替换默认的鼠标光标。
*/
// 在舞台上显示对象
stage.addChild(custommouse);
custommouse.mouseEnabled = false;
// 注册侦听器 customMouseCursor
custommouse.addEventListener(Event.ENTER_FRAME, customMouseCursor);
// 创建侦听器
```

```
function customMouseCursor(event:Event)
{
// 指定自定义鼠标指针的坐标
    custommouse.x = stage.mouseX;
    custommouse.y = stage.mouseY;
}
```

（6）按 Ctrl + Enter 键测试影片的效果。

细看会发现一个问题，除了新建的鼠标指针之外，原来的鼠标指针还在。怎么把它去掉呢？只需要再加入一条语句就可以了。在上述代码后加上一行：

```
Mouse.hide();
```

Mouse.hide() 方法将隐藏原来的鼠标指针。

现在再次测试一下。可以看到原来的鼠标光标不在了，跟随鼠标移动的是自定义的鼠标指针。

如果要恢复默认鼠标指针，可以添加如下代码：

```
// 移除侦听器 customMouseCursor
custommouse.removeEventListener(Event.ENTER_FRAME, customMouseCursor);
// 移除影片剪辑实例 custommouse
stage.removeChild(custommouse);
// 显示鼠标指针
Mouse.show();
```

8.4 综合实例——自定义滑动条

本实例自定义一个滑动条，控制一个影片剪辑的旋转角度。

滑动条上显示 50，表示当前影片剪辑的旋转角度是 50，向右拖动这个滑动条，影片剪辑的 rotation 值增加，直到 360，这时滑动条不能再向右拖动。同样，滑动条向左拖动也有一个界限，代表影片剪辑的 rotation 值为 0。效果如图 8-7 所示。

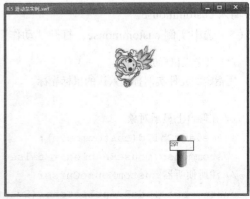

图 8-7　滑动条控制影片剪辑旋转角度

制作步骤如下：

（1）新建一个 ActionScript 3.0 文档。按 Ctrl + F8 键创建一个名为 button 的影片剪辑。

（2）在元件编辑模式下，选择绘图工具箱中的"矩形工具"，在属性面板上设置无笔触颜色，填充颜色任意。后面的步骤将使用"颜色"面板设置填充色。

（3）在属性面板中设置矩形边角半径为 45，在第一帧绘制一个圆角矩形。

（4）单击矩形内部填充，打开"颜色"面板。使用线性渐变调制一个渐变色，作为矩形的填充色，如图 8-8 所示。

图 8-8　圆角矩形填充颜色及效果

（5）返回主场景，按 Ctrl + F8 键新建一个名为 comslider 的影片剪辑。在元件编辑窗口，从"库"面板中拖动一个 button 实例到舞台上，然后在属性面板上指定实例的 x 坐标为 0，名称为 simpleslider。

（6）选择绘图工具箱中的"文本工具"，在属性面板上的"文本类型"下拉列表中选择"动态文本"，字体为宋体，字号为 12，颜色为紫色，并选中"在文本周围显示边框"按钮▤，然后绘制一个文本框，如图 8-9 所示。

（7）在属性面板上设置文本框的实例名称为 slidervalue，其余的属性按照图 8-10 进行设置。

图 8-9　添加文本框　　　　　　　　　　图 8-10　文本框属性

（8）选中舞台上的 simpleslider 实例，打开"动作"面板，添加下面的代码：

```
var drag:Boolean=false;
// 拖放
simpleslider.addEventListener(MouseEvent.MOUSE_DOWN, pressToDrag);
// MOUSE_DOWN 事件处理函数
function pressToDrag(event:MouseEvent):void
{
    simpleslider.startDrag();
    drag=true;
}


stage.addEventListener(MouseEvent.MOUSE_UP, releaseToDrop);
// MOUSE_UP 事件处理函数
function releaseToDrop(event:MouseEvent):void
{
    simpleslider.stopDrag();
}
```

现在测试一下影片。按下鼠标拖动 simpleslider 实例时，可以在舞台上进行移动。

滑动条应该有一个拖动范围，接下来的步骤设置滑动条的范围。

（9）修改鼠标移动的代码，把鼠标限制在限定的范围之内。将上述代码修改成下面的代码：

```
import flash.geom.Rectangle;
var min:Number= 0; // 最小边界
var max:Number=500; // 最大边界
// 标记鼠标是否处于按下状态
var drag:Boolean=false;
// 保存 simpleslider 的 x 初始位置
var origX=simpleslider.x;
// 保存 simpleslider 的 y 初始位置
var origY=simpleslider.y;
// 指定移动范围
var fw:Rectangle=new Rectangle(origX,origY,max,0);
simpleslider.addEventListener(MouseEvent.MOUSE_DOWN, pressToDrag);
// MOUSE_DOWN 事件处理函数
function pressToDrag(event:MouseEvent):void
{
    simpleslider.startDrag(true,fw);
    drag=true;
    }


stage.addEventListener(MouseEvent.MOUSE_UP, releaseToDrop);
```

```
// MOUSE_UP 事件处理函数
function releaseToDrop(event:MouseEvent):void
{
    simpleslider.stopDrag();
}
```

接下来为动态文本框 slidervalue 赋值。有了最小和最大的范围，再加上当前的鼠标坐标，文本框 slidervalue 的值很好计算。就是：

```
slidervalue.text=String(Math.floor((simpleslider.x- min)/( max-
min)*100));
```

（10）在 mouseDown 处理函数中的 drag=true; 之前，添加文本框 slidervalue 的赋值代码。

现在再测试一下影片，文本框中可以动态地显示数值。不过还有改进的地方，拖动鼠标时，文本框中的数值并不同步更新，而是释放鼠标后更新。因此，要添加一个 mouseMove 事件处理函数。

（11）打开"动作"脚本，在实例 simpleslider 的 Actions 层的第一帧添加如下代码：

```
//mouse move
simpleslider.addEventListener(MouseEvent.MOUSE_MOVE, MouseMove);
//MOUSE_MOVE 事件处理函数
function MouseMove(event:MouseEvent):void
{
    slidervalue.text=String(Math.floor((simpleslider.x- min)/( max-
min)*100));
}
```

现在再测试一下影片，按下鼠标拖动滑动条，文本框中的数字随之改变，但文本框并不跟随 simpleslider 实例一起移动。下面添加代码实现这个功能。

（12）定义一个变量 offsetX，用于记录初始时 simpleslider 实例与动态文本框的 x 坐标差值。然后根据 simpleslider 实例的 x 坐标与变量 offsetX 计算动态文本框的实时位置：

```
var offsetX:Number=origX-slidervalue.x;
// 计算 slidervalue 的 x 坐标。
slidervalue.x=simpleslider.x-offsetX;
```

（13）在 mouseDown、mouseUp 和 mouseMove 中都要用到更新动态文本框的位置和显示值的代码，因此可以把它们定义成一个函数。修改后的代码如下：

```
import flash.geom.Rectangle;
var min:Number= 0; // 最小边界。
var max:Number=400; // 最大边界。
var drag:Boolean=false;
var origX=simpleslider.x;
var offsetX:Number=origX-slidervalue.x;
var origY=simpleslider.y;
```

```
// 指定动态文本框的初始位置和值
updateslider();

var fw:Rectangle=new Rectangle(origX,origY, max,0);
// 计算动态文本框的位置和值
function updateslider()
{
    slidervalue.text=String(Math.floor((simpleslider.x- min)/( max-
min)*360));
    slidervalue.x=simpleslider.x-offsetX;
}


//mouse move
simpleslider.addEventListener(MouseEvent.MOUSE_MOVE, MouseMove);

function MouseMove(event:MouseEvent):void
{
    updateslider();
}


// 拖放
simpleslider.addEventListener(MouseEvent.MOUSE_DOWN, pressToDrag);
function pressToDrag(event:MouseEvent):void
{
    simpleslider.startDrag(true,fw);
    drag=true;
    updateslider();
}

stage.addEventListener(MouseEvent.MOUSE_UP, releaseToDrop);
function releaseToDrop(event:MouseEvent):void
{
    simpleslider.stopDrag();
    updateslider();
}
```

（14）返回主场景，按Ctrl+F8键新建一个名为Angel的影片剪辑。执行"文件"/"导入"/"导入到舞台"命令，导入一幅GIF图像，调整图像位置，使图像中心点与舞台注册点对齐，如图8-11所示。

（15）在编辑栏上单击"编辑元件"按钮，在弹出的下拉列表中选择comslider元件，进入comslider元件编辑窗口。新建一个图层，从"库"面板中拖动一个Angel的实例到舞台上。选中舞台上的Angel实例，在属性面板上的"实例名称"文本框中输入myClip，舞台布置效果如图8-12所示。

图 8-11　调整图像位置

图 8-12　舞台布置效果

（16）单击 Actions 层的第 1 帧，然后打开"动作"面板，在 updateslider() 函数中添加代码：myClip.rotation=(Number(slidervalue.text));。修改后的 updateslider() 函数代码如下所示：

```
function updateslider()
{
// 计算动态文本框的位置
    slidervalue.x=simpleslider.x-offsetX;
    // 计算动态文本框的显示值
    slidervalue.text=String(Math.floor((simpleslider.x- min)/( max-
min)*360));
    // 计算影片剪辑的旋转角度
    myClip.rotation=(Number(slidervalue.
text));
}
```

（17）返回主时间轴，从"库"面板中拖动一个 comslider 到舞台上，如图 8-13 所示。然后测试影片，效果如图 8-7 所示。

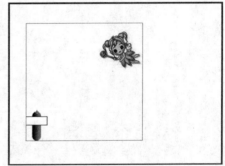

图 8-13　舞台布局

8.5　本章小结

本章介绍了动作脚本语言 ActionScript 3.0 的基本语法，随后介绍了事件处理函数的语法和相关方法。通过模拟星空和自定义滑动条实例，展示了动态控制影片剪辑属性展现出的缤纷动画效果。读者可以在这一章初步掌握 ActionScript 语言的规则和用法。

8.6　思考与练习

1. 熟练掌握 ActionScirpt 的算术、关系、逻辑、位运算符以及等于和赋值运算符。
2. ActionScirpt 的循环是如何实现的？
3. 应用动作脚本的循环和条件语句制作一个动画。

第 9 章 　组　件

本章导读

　　本章介绍几种常见组件的使用和自定义滚动文本框的方法。通过这些例子让读者不仅仅了解组件的用法，更能够通过这些例子的学习，举一反三，制作出自己的作品。

- 📖 组件概述
- 📖 使用用户接口组件
- 📖 自定义滚动文本框

9.1 组件概述

Animate 中的组件功能强大，它不仅允许在影片剪辑的基础上定义参数，把一个影片剪辑变成组件，还提供一个系统组件库以供使用。

用户可以对组件的每一个实例指定不同的参数值，根据参数值的不同，组件的实例性质也不同。这些可以指定的参数用来描述某些自定义的属性，就像影片剪辑的预定义属性一样，可以在"组件参数"面板中对它们进行修改。

使用组件时，用户不必知道某个影片剪辑到底是如何实现的，只需要通过"组件参数"面板对一个组件实例的参数进行初始化。可以这么说，组件的使用提高了影片剪辑的通用性。

组件的使用方法很简单。选择"窗口"/"组件"命令打开"组件"面板，从"组件"面板拖一个组件的实例到舞台上，然后在属性面板上的"组件参数"区域设置参数的参数值。

9.2 使用用户接口组件

Animate 2024 提供了一套用户接口组件，打开"组件"面板可以看到这些组件，如图 9-1 所示。

表 9-1 列出了一些常用的用户接口组件，这几种组件都是在平时的使用中会经常用到的。接下来就用几个例子来演示几种主要的组件的使用方法。

图 9-1 "组件"面板

表 9-1 主要用户接口组件

名　字	功　能
Button	单击它或者按下空格键的时候执行某种动作
CheckBox	一个复选框
ColorPicker	显示包含一个或多个颜色样本的列表，可以从中选择颜色
ComboBox	显示选项列表，并且可以输入其他的内容
DataGrid	提供呈行和列分布的网格
Label	显示对象的名称，属性等
List	显示选项列表
NumericStepper	显示一组已排序的数字，可以从中进行选择
ProgressBar	显示内容的加载进度
RadioButton	一组互斥选择项中的一个选项
ScrollPane	提供一个可以滚动的小窗口查看影片剪辑
Slider	显示一个滑动条，可以在滑块轨道的终点之间移动滑块选择值
TextArea	一个带有边框和可选滚动条的多行文本字段
TextInput	单行文本组件，其中包含本机 ActionScript TextField 对象
TileList	提供呈行和列分布的网格，通常用来以"平铺"格式设置并显示图像
UIScrollBar	为 TextField 对象或影片剪辑的实例添加一个滚动条

9.2.1 ComboBox、CheckBox 和 Button

这个例子比较简单，适合刚开始接触用户接口组件的用户。这是一个填写表单的程序，在图 9-2 所示的第一页填写某些信息，单击 Submit 按钮就可以在图 9-3 所示的第二页显示提交的结果，第二页有一个 Return 按钮，单击它可以返回到第一页。

图 9-2　表单第一页

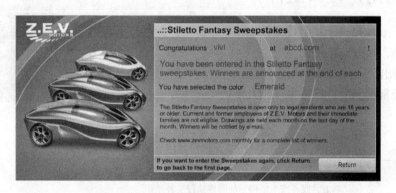

图 9-3　表单第二页

第一步就是把组件添加到舞台上。将添加一个 CheckBox、一个 ComboBox，在表单第一页和第二页分别添加一个 Button。

把一个组件添加到 Animate 文档中有两种方法，第一种是从"组件"面板中拖动一个组件到舞台上；第二种是双击"组件"面板中的某个组件，这个组件将出现在舞台中央。将组件添加到舞台上之后，Animate 将自动把它添加到"库"面板中。

（1）新建一个 ActionScript 3.0 文件，大小为 640×280 像素，颜色为 #666666，然后创建影片的背景。

把不同类的内容放到不同的层，是一个很好的习惯。

（2）新建一个图层，重命名为 UI，组件将放到这个图层。单击 UI 层的第 6 帧，将其转换为空白关键帧。

（3）选中 UI 图层的第 1 帧，在"组件"面板中把 CheckBox 拖放到舞台上，放在如图 9-4 所示的位置。

接下来添加 ComboBox。使用 ComboBox 组件可以创建一个简单的下拉菜单，允许用户选择菜单项。也可以使用它做一个更复杂的下拉菜单，允许用户输入一个或者几个字母，然后自动跳到以输入串开始的菜单项。

（4）在"组件"面板中把 ComboBox 组件拖到舞台上，放到文本"Select your favorite col-or:"下面，如图 9-5 所示。

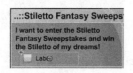

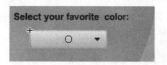

图 9-4　添加 CheckBox　　　　　　　　　　图 9-5　添加 ComboBox

（5）使用"文本工具"制作两个输入文本框，然后在属性面板上分别命名为 name_xm 和 email。

接下来将使用 Button 组件创建两个按钮，一个放在第一页，用来提交表单的信息；另一个放在第二页，用来返回到第一页，而且用刚刚提交的信息填充各个表单项。

（6）在"组件"面板中把 Button 组件拖到舞台上，放在表单右下角，与 name：、e-mail：文本框平行，如图 9-6 所示。

图 9-6　添加 PushButton

（7）单击 UI 层的第 6 帧，将"组件"面板中的 Button 组件拖放到舞台上，放在右下角，如图 9-7 所示。

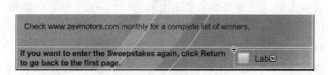

图 9-7　添加第二页的 PushButton

（8）使用"文本工具"制作四个输入文本框，如图 9-8 所示，然后在属性面板上分别命名为 name_result、email_result、sweepstakes_result 和 color_result。

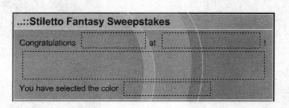

图 9-8　添加动态文本框

下面要做的就是配置组件，这样它们才能显示想要的内容。使用"组件参数"面板配置组件的参数。

（9）首先，配置 CheckBox。选择 UI 层的第 1 帧，然后选择舞台上的 CheckBox，在属性面板上的实例名称文本框中输入 sweepstakes_box；单击属性面板上的"显示参数"按钮■，打开"组件参数"面板，在 Label 文本框中输入 Absolutely!

（10）Label Placement 参数保持默认的 right（右对齐），表示 Label 中的内容将与 CheckBox 右边界对齐。

（11）勾选 Selected 参数右侧的复选框。这个选项表示 CheckBox 组件最初状态是被选中的还是没被选中，如图 9-9 所示。

接下来配置 ComboBox。

（12）选中舞台上的 ComboBox 组件，在属性面板中的"实例名称"文本框中输入 color_box，如图 9-10 所示。

图 9-9　CheckBox 的参数

图 9-10　ComboBox 的参数

（13）单击属性面板上的"显示参数"按钮■，打开"组件参数"面板。取消选中 editable 属性，表示不允许用户输入其他文本。

（14）dataProvider 参数显示一个用户可选值的列表。单击 dataProvider 参数右侧的铅笔图标■，在弹出的"值"对话框中单击左上角的■按钮，添加一个新的值及标签，如图 9-11 所示。

（15）输入 Lightning 作为第一个值。同样的方法再添加两个值，分别为 Cobalt 和 Emerald。此时，"值"对话框中的内容如图 9-12 所示。单击"确定"按钮关闭对话框。

图 9-11　值窗口

图 9-12　输入值的值窗口

（16）rowCount（行数）参数指定窗口中要显示的行数，把这个值改成 3。此时，Combo-Box 组件的参数如图 9-13 所示。

图 9-13　ComboBox 组件的参数

接下来配置 Button。

（17）选中第 1 帧中的 Button 组件，在属性面板上的"实例名称"文本框中输入 submit_btn。然后单击属性面板上的"显示参数"按钮，打开"组件参数"面板。在 label 文本框中输入 Submit。

（18）选中第 6 帧的 Button，在"实例名称"文本框中输入 return_btn。单击属性面板上的"显示参数"按钮，打开"组件参数"面板，在 label 文本框中输入 Return。

接下来，就要添加动作脚本了。在写具体的动作脚本之前，先对要用到的实例做一个总的了解，见表 9-2。

表 9-2　实例列表

实例名称	描述
color_box	表单第一页的 ComboBox
sweepstakes_box	表单第一页的 CheckBox
submit_btn	第一页的 Button，用以提交信息
name_xm	第一页的一个输入文本框实例名称
email	第一页的一个输入文本框实例名称
return_btn	第二页的 Button，用以返回第一页
name_result	第二页的一个动态文本框，用来显示用户姓名
email_result	第二页的一个动态文本框，用来显示用户的 Email 地址
color_result	第二页的一个动态文本框实例名称，用来显示用户选择的颜色
sweepstakes_result	第二页的一个动态文本框实例名称，根据第一页的 check box 是否被选中，显示不同的信息，多行

（19）添加一个新层，命名为 Actions。这个层将放置在整个影片运行期间一直运行的动作脚本。

（20）执行"窗口"/"动作"菜单命令，打开"动作"面板。

接下来为两个 Button 组件编写函数，响应鼠标的单击事件。

（21）选中 Actions 图层的第 1 帧，在属性面板中将帧命名为 pg1。然后打开"动作"面板，在脚本窗格中输入以下代码以响应 Submit 按钮的单击事件。

```
// 定义变量，分别用于存放第一页中各个组件的值
var sweepstakes_text:String;
var color_text:String;
var name_text,email_text:String;
// 注册 Mouse Click 事件侦听器
submit_btn.addEventListener(MouseEvent.CLICK, clickSubmit);
// 定义 Mouse Click 事件处理函数
function clickSubmit(event:MouseEvent):void
{
    // 根据复选框的选择情况为文本框赋予不同的显示内容
if (sweepstakes_box.selected==true){
    sweepstakes_text = "You have been entered in the Stiletto Fantasy
sweepstakes. Winners are announced at the end of each month.";
}
else{
    sweepstakes_text = "You have not been entered in the Stiletto
Fantasy sweepstakes.";
}
// 存储 combox 中的选择项
    color_text=color_box.selectedItem.label;
// 存储动态文本框 name_xm 的值
    name_text=name_xm.text;
// 存储动态文本框 email 的显示内容
    email_text=email.text;
// 跳转到第二页
    gotoAndStop("pg2");
}
```

（22）选中 Actions 层的第 6 帧，单击鼠标右键，在弹出的快捷菜单中选择"转换为空白关键帧"命令，并在属性面板中将帧标签命名为 pg2。然后打开"动作"面板，在脚本窗格中输入以下代码以响应 Return 按钮的单击事件。

```
// 指定动态文本框 sweepstakes_result 的显示内容
sweepstakes_result.text=sweepstakes_text;
// 指定动态文本框 color_result 的显示内容
    color_result.text=color_text;
// 指定动态文本框 name_result 的显示内容
    name_result.text=name_text;
// 指定动态文本框 email_result 的显示内容
```

```
    email_result.text=email_text;
// 注册 Mouse Click 事件侦听器
return_btn.addEventListener(MouseEvent.CLICK, ClickReturn);
// 定义 Mouse Click 事件处理函数
function ClickReturn(event:MouseEvent):void
{
    // 跳转到第一页
    gotoAndStop("pg1");
}
```

（23）选中 Actions 层的第 1 帧，在"动作"面板中输入如下语句：

```
stop();
```

（24）选择菜单"控制"/"测试影片"预览动画。

9.2.2　使用 RadioButton

这个实例是一个进制转换器，在图 9-14 所示的第一页选择一个初始的进制，例如十进制，单击 Next 按钮进入第二页，如图 9-15 所示。在最上方的输入文本框中输入一个十进制数，然后单击右边的"CONVERT"按钮，下面的三个文本框将显示对应的二进制、八进制、十六进制的值。

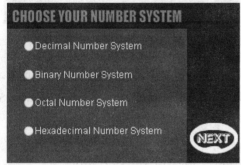
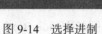
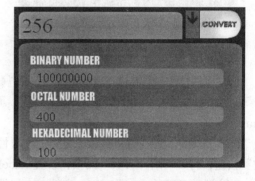

图 9-14　选择进制　　　　　　　图 9-15　十进制数转换到其他进制数

这个例子用到了 RadioButton，涉及到四种进制：二进制、八进制、十进制、十六进制。在制作实例之前，先介绍这几个进制使用的数字和转化过程。

- 十进制使用数字 0～9。
- 二进制使用数字 0 和 1。
- 八进制使用数字 0～7。
- 十六进制使用数字 0～9 和字母 A、B、C、D、E、F，分别代表 10、11、12、13、14、15。

接下来介绍具体的转化过程。以最简单的情况为例，就是从十进制转化到二进制。如果输入一个十进制的数 82，首先试着找到所有比这个数小的、2 的整数次幂，是 1，2，4，8，16，32，64。然后把它们反方向写成一排：64，32，16，8，4，2，1。

用 64 除 82，结果是 1，就是说 82 里有一个 64，算出余数是 18。然后用 32 除 18，结果是 0，余数是 18。接着进行下去，直到算到用 1 除某个余数。把所有的商按顺序排成一列，对于 82 来说，就是 1010010。也就是说，十进制数 82，对应二进制数 1010010。

对于八进制，使用 8 的整数次幂；对于十六进制，使用 16 的整数次幂。

具体制作步骤如下：

（1）新建一个 ActionScript 3.0 文件，尺寸为 300×200 像素，舞台颜色为黑色。在主时间轴的第 1 帧绘制一个静态文本框，输入文本 CHOOSE YOUR NUMBER SYSTEM（选择要转换的进制），字体为 Impact，大小为 18，颜色为红色。然后在舞台左下方绘制一个蓝色的矩形，如图 9-16 所示。

（2）添加 RadioButton。打开"组件"面板，从"组件"面板拖动一个 RadioButton 到舞台上。从"库"面板中再拖放 3 个 RadioButton 到舞台上。按照图 9-17 所示布局摆放。

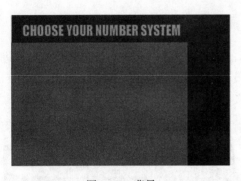
图 9-16　背景

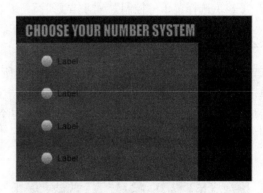
图 9-17　添加 RadioButton

（3）选中第一个 RadioButton 实例，在属性面板上输入实例名称 radioBox1；执行"窗口"/"组件参数"命令，打开"组件参数"面板，设置 Label 属性值为 Decimal Number System。

（4）选中第二个 RadioButton 实例，在属性面板上输入实例名称 radioBox2；单击"显示参数"按钮，打开"组件参数"面板，设置 Label 属性值为 Binary Number System。

（5）选中第三个 RadioButton 实例，在属性面板上输入实例名称 radioBox3；单击"显示参数"按钮，打开"组件参数"面板，设置 Label 属性值为 Octal Number System。

（6）选中第四个 RadioButton 实例，在属性面板上输入实例名称 radioBox4；单击"显示参数"按钮，打开"组件参数"面板，设置 Label 属性值为 Hexadecimal Number System。

接下来设置 RadioButton 组件的样式。

（7）新建一个图层，命名为 Actions。选中第一帧，打开"动作"面板，在脚本窗格中输入以下代码：

```
// 为 RadioButton 类型的组件定义样式
// 首先加载样式管理器 StyleManager
import fl.managers.StyleManager;
// 定义文本格式对象 textStyle
var textStyle:TextFormat = new TextFormat();
```

```
// 定义字体
textStyle.font="Arial";
// 定义字号
textStyle.size = 12;
// 定义文本颜色
textStyle.color=0xFFFF00;
// 设置 RadioButton 的 label 属性
StyleManager.setComponentStyle(RadioButton, "textFormat", textStyle);
```

此时测试影片，效果如图 9-18 所示。

（8）在影片右下角添加一个按钮，如图 9-19 所示。选中添加的按钮实例，在属性面板上的"实例名称"文本框中输入 nextButton，然后在"动作"面板中添加下面的代码：

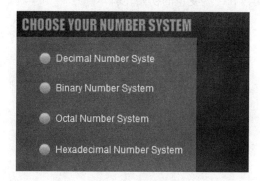

图 9-18　影片效果　　　　　　　　　图 9-19　添加按钮

```
nextButton.addEventListener(MouseEvent.CLICK, clickNext);
// 定义 nextButton 单击事件处理函数
function clickNext(event:MouseEvent):void
{
   if (radioBox1.selected==true)
   {
    nextFrame ();
   }
   if (radioBox2.selected==true)
   {
    gotoAndStop (currentFrame + 2);
   }
   if (radioBox3.selected==true)
   {
    gotoAndStop (currentFrame + 3);
   }
   if (radioBox4.selected==true)
   {
    gotoAndStop (currentFrame + 4);
```

```
        }
    }
```

按钮释放时，先判断哪一个 Radio Button 处于活动状态，然后跳转到相应的关键帧。

（9）创建四个图形元件。它们的内容如图 9-20 ~ 图 9-23 所示，文本字体为 Impact，大小为 16，颜色为黄色。

BINARY NUMBER	OCTAL NUMBER	DECIMAL NUMBER	HEXADECIMAL NUMBER

图 9-20　binarylabel 　　图 9-21　octallabel 　　图 9-22　decimallabel 　　图 9-23　hexalabel

（10）在主时间轴的第 1 帧添加自定义转换函数和一些变量的初始化脚本。

```
stop();
var array11:Array = new Array();
var array10:Array = new Array();
var array9:Array = new Array();
var array8:Array = new Array();
var array3:Array = new Array();
var array2:Array = new Array();
var array7:Array = new Array();
var array6:Array = new Array();
var array5:Array = new Array();
var array4:Array = new Array();
var array1:Array = new Array();
var array15:Array = new Array();
var binary:Number;
var arrayelement:int;
function decimalToHexadecimal(number:Number){
    array5.splice(0);
    array4.splice(0);
    for (var i:int=0; i<=number; i++) {
        binary = Math.pow (16,i);
        if (binary > number) {
            var arrayelement:int=i-1;
            break;
        }
        array5 [i] = binary;
    }
    var binaryelement:int;
    var binaryremainder:int;
    var binaryelement2:String;
    var binaryremainder1:int;
```

```
for (var j:int = arrayelement;j>=0;j--){
    if (j == arrayelement){
        binaryelement = int (number / array5 [j]);
        binaryremainder = int (number % array5 [j]);
        if (binaryelement == 10){
            binaryelement2 = 'A';
        }
        else if (binaryelement == 11){
            binaryelement2 = 'B';
        }
        else if (binaryelement == 12){
            binaryelement2 = 'C';
        }
        else if (binaryelement == 13){
            binaryelement2 = 'D';
        }
        else if (binaryelement == 14){
            binaryelement2 = 'E';
        }
        else if (binaryelement == 15){
            binaryelement2 = 'F';
        }
        else {
            binaryelement2 = String(binaryelement);
        }
        array4 [ 0 ] = binaryelement2;
    }
    else {
        binaryremainder1 = binaryremainder;
        binaryremainder = int (binaryremainder % array5 [j]);
        binaryelement = int (binaryremainder1 / array5 [j]);
        if (binaryelement == 10) {
            binaryelement2 = 'A';
        }
        else if (binaryelement == 11) {
            binaryelement2 = 'B';
        }
        else if (binaryelement == 12) {
            binaryelement2 = 'C';
        }
        else if (binaryelement == 13) {
            binaryelement2 = 'D';
        }
```

```
                else if (binaryelement == 14) {
                    binaryelement2 = 'E';
                }
                else if (binaryelement == 15) {
                    binaryelement2 = 'F';
                }
                else {
                    binaryelement2 = String(binaryelement);
                }
                array4 [arrayelement - j] = binaryelement2;
            }
        }
        return array4.join ("");
    }
function decimalToOctal(number:Number) {
        array2.splice(0);
        array3.splice(0);
        for (var i:int= 0;  i<= number;  i++) {
            binary = Math.pow (8, i);
            if (binary > number) {
                arrayelement = i - 1;
                break;
            }
            array3 [i] = binary;
        }
        for (var j:int= arrayelement;  j>= 0;  j--) {
            if (j == arrayelement) {
                var binaryelement:int= int (number / array3 [j]);
                var binaryremainder:int= int (number % array3 [j]);
                array2[ 0 ] = binaryelement;
            }
            else {
                var binaryremainder1:int= binaryremainder;
                binaryremainder = int (binaryremainder % array3 [j]);
                binaryelement = int (binaryremainder1 / array3 [j]);
                array2 [arrayelement - j] = binaryelement;
            }
        }
        return array2.join ("");
    }
function binaryToDecimal(number:Number) {
        array7.splice(0);
        array6.splice(0);
```

```
     for (var i:int= 0; i<=String(number).length - 1; i++) {
          array6 [i] = Math.floor (number / Math.pow (10,
String(number).length - i - 1)) - Math.floor (number / Math.pow (10,
String(number).length - i)) * 10;
     }
     var decimal1:Number = 0;
     for (var j:int = 0; j<array6.length; j++) {
          array7 [j] = Math.pow (2, array6.length - j - 1);
          var decimal:Number = array7 [j] * array6 [j];
          decimal1 += decimal;
     }
     return decimal1;
}
function decimalToBinary(number:Number) {
     array1.splice(0);
     array15.splice(0);
     for (var i:int = 0; i<=number; i++) {
          binary = Math.pow (2, i);
          if (binary > number) {
               arrayelement = i - 1;
               break;
          }
          array15 [i] = binary;
     }
     for (var j:int= arrayelement; j>= 0; j--) {
          if (j == arrayelement) {
               var binaryelement:int= int (number / array15 [j]);
               var binaryremainder:int= int (number % array15 [j]);
               array1[ 0 ] = binaryelement;
          } else {
               var binaryremainder1:int= binaryremainder;
               binaryremainder = int (binaryremainder % array15 [j]);
               binaryelement = int (binaryremainder1 / array15 [j]);
               array1 [arrayelement - j] = binaryelement;
          }
     }
     return array1.join ("");
}
function octalToDecimal(number:Number) {
     array9.splice(0);
     array8.splice(0);
     for (var i:int = 0; i<=String(number).length-1; i++) {
          array8 [i] = Math.floor (number / Math.pow (10,
```

```
String(number).length - i - 1)) - Math.floor (number / Math.pow (10,
String(number).length - i)) * 10;
        }
        var decimal1:Number = 0;
        for (var j:int= 0; j<array8.length; j++) {
            array9 [j] = Math.pow (8, array8.length - j - 1);
            var decimal:Number= array9 [j] * array8 [j];
            decimal1 += decimal;
        }
        return decimal1;
    }
    function hexadecimalToDecimal(string:String) {
        array11.splice(0);
        array10.splice(0);
        string.split ();
        for (var i:int = 0; i<string.length; i++) {
            array10 [i] = string.substr (i, 1);
            if (array10 [i] == "A") {
                array10 [i] = 10;
            }
            else if (array10 [i] == "B") {
                array10 [i] = 11;
            }
            else if (array10 [i] == "C") {
                array10 [i] = 12;
            }
            else if (array10 [i] == "D") {
                array10 [i] = 13;
            }
            else if (array10 [i] == "E") {
                array10 [i] = 14;
            }
            else if (array10 [i] == "F") {
                array10 [i] = 15;
            }
            else {
                array10 [i] = Number (string.substr (i, 1));
            }
        }
        var decimal1:Number = 0;
        for (var j:int=0; j <string.length; j++) {
            array11 [j] = Math.pow (16, string.length - j - 1);
            var decimal:Number= array11 [j] * array10 [j];
```

```
        decimal1 += decimal;
    }
    return decimal1;
}
```

（11）将第 2 帧转换为空白关键帧，然后按照图 9-24 的布局在第 2 帧中添加对象。首先在舞台顶端添加一个输入文本框，实例名称为 input。然后添加前面创建的图形元件，并在每一个图形元件下方添加一个动态文本框，总共 3 个。对应的实例名称分别为 output1，output2，output3。最后在输入文本框的右侧添加一个 Convert 按钮。

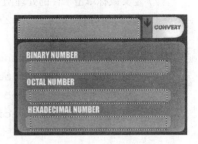

图 9-24　第 2 帧的布局图

（12）在属性面板上指定按钮的实例名称为 convert10，然后打开"动作"面板，为按钮添加如下的脚本：

```
// MouseClick 事件
convert10.addEventListener(MouseEvent.CLICK, clickConvert10);
// 定义按钮单击事件的处理函数
function clickConvert10(event:MouseEvent):void
{
    var numinput:String= input.text;
    output1.text = decimalToBinary(Number(numinput));
    output2.text = decimalToOctal(Number(numinput));
    output3.text = decimalToHexadecimal(Number(numinput));
}
// Key Pressed 事件
stage.addEventListener(KeyboardEvent.KEY_DOWN, KeyboardConvert10);
// 定义按下键盘事件的处理函数
function KeyboardConvert10(event:KeyboardEvent):void
{
    var numinput:String= input.text;
    if(event.keyCode == 13)  {
        output1.text = decimalToBinary(Number(numinput));
        output2.text = decimalToOctal(Number(numinput));
        output3.text = decimalToHexadecimal(Number(numinput));
    }
}
```

Key Pressed 事件处理函数中，if(event.keyCode == 13) 用于判断是否按下键盘上的 Enter 键，也就是说响应 Enter 键按下的消息。换句话说，按下这个按钮和按下 Enter 键的作用是一样的。

（13）将第 3 帧转换为关键帧，按图 9-25 所示进行布局，将输入文本框和动态文本框的实例名称分别命名为 input，output1，output2，output3。

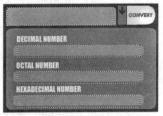

图 9-25　第 3 帧的布局

这一帧用于从二进制转化到其他的进制。为按钮 Convert（实例名称为 convert2）添加如下的代码：

```
convert2.addEventListener(MouseEvent.CLICK, clickConvert2);
// 定义鼠标单击事件的处理函数
function clickConvert2(event:MouseEvent):void
{
    var numinput:String= input.text;
    output1.text = binaryToDecimal(Number(numinput));
    output2.text = decimalToOctal(Number(output1.text));
    output3.text = decimalToHexadecimal(Number(output1.text));
}


//Key Pressed 事件
stage.addEventListener(KeyboardEvent.KEY_DOWN, KeyboardConvert2);
// 定义按键事件的处理函数
function KeyboardConvert2(event:KeyboardEvent):void
{
    var numinput:String= input.text;
    if(event.keyCode == 13) {
        output1.text = binaryToDecimal(Number(numinput));
        output2.text = decimalToOctal(Number(output1.text));
        output3.text = decimalToHexadecimal(Number(output1.text));
    }
}
```

（14）将第 4 帧转换为关键帧，按照图 9-26 所示进行布局，文本框采用和前面两帧一样的名称。这一帧用于从八进制转换到其他进制。

为按钮 Convert（实例名称 convert8）添加下面的代码：

```
convert8.addEventListener(MouseEvent.CLICK,
clickConvert8);
    // 定义按钮单击事件的处理函数
    function clickConvert8(event:MouseEvent):
void
```

图 9-26　第 4 帧的布局

```
    {
    var numinput:String= input.text;
    output1.text = octalToDecimal(Number(numinput));
    output2.text = decimalToBinary(Number(output1.text));
    output3.text = decimalToHexadecimal(Number(output1.text));
    }


// Key Pressed 事件
stage.addEventListener(KeyboardEvent.KEY_DOWN, KeyboardConvert8);
```

```
// 定义按下键盘事件的处理函数
function KeyboardConvert8(event:KeyboardEvent):void
{
    var numinput:String = input.text;
    if(event.keyCode == 13) {
       output1.text = octalToDecimal(Number(numinput));
       output2.text = decimalToBinary(Number(output1.text));
       output3.text = decimalToHexadecimal(Number(output1.text));
    }
}
```

（15）将第 5 帧转换为关键帧，按照图 9-27 进行布局，同样，文本框采用和前面 3 帧一样的名称。这一帧用于从十六进制转化到其他的进制。

为按钮 Convert（实例名称为 convert16）添加下面的代码：

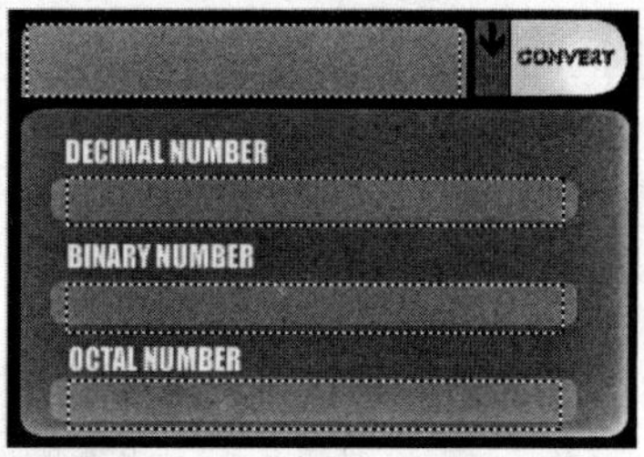

图 9-27　第 5 帧的布局

```
convert16.addEventListener(MouseEvent.CLICK,
clickConvert16);
    // 定义鼠标单击按钮事件的处理函数
function clickConvert16(event:MouseEvent):
void
{
    var numinput:String= input.text;
    output1.text = hexadecimalToDecimal(numinput);
    output2.text = decimalToBinary(Number(output1.text));
    output3.text = decimalToOctal(Number(output1.text));
}

//Key Pressed 事件
stage.addEventListener(KeyboardEvent.KEY_DOWN, KeyboardConvert16);
    // 定义按下键盘事件的处理函数
function KeyboardConvert16(event:KeyboardEvent):void
{
    var numinput:String= input.text;
    if(event.keyCode == 13) {
       output1.text = hexadecimalToDecimal(numinput);
       output2.text = decimalToBinary(Number(output1.text));
       output3.text = decimalToOctal(Number(output1.text));
    }
}
```

（16）按 Ctrl + Enter 键测试动画。

9.2.3　使用 UIScrollBar

使用滚动条组件 UIScrollBar，可以为动态文本框或者输入文本框添加水平或者垂直滚动条。通过拖动滚动条，可以显示或者输入更多的内容，而不需要增大文本框占用的面积。

在 ComboBox，ListBox 和 ScrollPane 组件中都使用了滚动条组件。把它们中的任何一个添加到 Animate 文档中，都会自动在"库"面板中添加滚动条组件。

把一个滚动条拖到舞台上的动态文本框或者输入文本框上时，滚动条自动对齐到文本框最近的水平边或垂直边。一旦滚动条对齐到文本框，Animate 自动为滚动条实例添加 scrollTarget-Name 参数值。尽管滚动条自动对齐到文本框，但是它并没有和文本框成为一组。因此，移动或删除文本框时，也应相应地移动或删除滚动条。滚动条和文本框可以放在不同的层，但必须放在同一个时间轴。

下面就来看看如何为输入文本框或动态文本框添加滚动条组件。

（1）选择绘图工具箱中的"文本工具"，在舞台上绘制一个文本框。在属性面板的"文本类型"下拉列表中选择"输入文本"或者"动态文本"。本例选择"动态文本"，且文本框周围显示边框。

（2）在"实例名称"文本框中输入"richtext"。在属性面板上的"行为"下拉列表中选择"多行"或"多行不换行"，如图 9-28 所示。

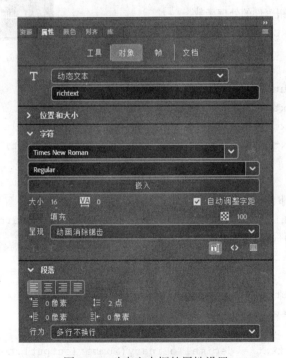

图 9-28　动态文本框的属性设置

 提示：如果要使用水平滚动条，则应选择"多行不换行"。

（3）添加一个垂直滚动条。打开"组件"面板，拖放一个 UIScrollBar 组件到文本框的边界。选中滚动条，在"组件参数"面板中可以查看它的参数。参数 direction 决定滚动条是水平的还是垂直的。参数 ScrollTargetName 是与滚动条相关的文本框的实例名。

（4）在"direction"下拉列表中选择"vertical"，即将滚动条设置为垂直的。然后把这个滚动条拖到文本框的右边界，直到它自动对齐，如图9-29所示。此时的组件参数如图9-30所示。

> **注意：** 在松开鼠标时，UIScrollBar组件必须与文本字段重叠，以便能正确地绑定到该字段。正确绑定后，在UIScrollBar组件的属性面板上可以看到scrollTargetName参数的值自动填充为当前动态文本框的实例名称。如果scrollTargetName参数的值未显示，则可能是重叠UIScrollBar实例的程度还不够。

图9-29 添加垂直滚动条

图9-30 滚动条的参数

滚动条被添加到文本框上时，自动与文本框对齐。但是如果在添加了滚动条之后修改文本框的大小，滚动条不会自动跟着改动。一个比较简单的方法是，先把滚动条拖动到文本框之外，然后再拖回来，这样滚动条就又自动与文本框对齐了。

（5）添加一个新层，用于添加一个水平的滚动条。选中第1帧，从"库"面板中拖放一个滚动条到文本框的下边界。在"组件参数"面板上的"direction"下拉列表中选择"horizontal"，然后拖动组件直到它自动对齐到文本框，如图9-31所示。

（6）双击动态文本框，进入输入模式。复制一些文本粘贴到文本框中，文字量要多于文本框能容纳的文字量。

（7）测试动画。拖动水平和垂直的滚动条，看看它们的效果，如图9-32所示。

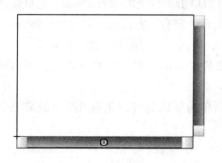

图9-31 添加水平滚动条

图9-32 测试效果

9.2.4　使用 ScrollPane

ScrollPane 是一个有水平和垂直滚动条的小窗口，可以在这个窗口中显示影片剪辑。由于有滚动条，所以可以使用很小的一块区域显示很大的内容。ScrollPane 组件只显示影片剪辑，不要用 ScrollPane 来显示文本，UIScrollBar 组件完全可以解决文本的所有问题。

为了在 ScrollPane 中显示影片剪辑，必须为 ScrollPane 的 source 参数指定一个影片剪辑的实例名称。要显示的影片剪辑必须在"库"面板中，但是不要求一定在舞台上。而且，影片剪辑必须在"元件属性"对话框中选中"为 ActionScript 导出"。

在 ScrollPane 组件对应的属性面板中，可以设置以下一些参数。

- scrollDrag：勾选此项，允许拖动 ScrollPane 窗口中显示的内容；否则，只能通过滚动条来滚动显示内容。默认不选中。
- HorizontalScrollPolicy：该参数指定水平滚动条显示的方式。如果选择 on，则显示水平滚动条；off 表示不显示水平滚动条；auto 表示当需要的时候显示。
- HorizontalLineScrollSize：每次单击滚动箭头时，水平滚动条移动多少个单位。默认值为 5。
- HorizontalPageScrollSize：每次单击滚动条轨道时，水平滚动条移动多少个单位。默认值为 20。
- Source：指定要加载到滚动窗格中的内容。该值可以是本地 SWF 或 JPEG 文件的相对路径，也可以是 Internet 上的文件的相对路径或绝对路径。也可以是设置为"为 ActionScript 导出"的库中的影片剪辑元件的链接标识符。
- verticalLineScrollSize：每次单击滚动箭头时，垂直滚动条移动多少个单位。默认值为 5。
- verticalPageScrollSize：每次单击滚动条轨道时，垂直滚动条移动多少个单位。默认值为 20。
- VerticalScrollPolicy：指定垂直滚动条显示的方式。如果选择 on，则显示垂直滚动条；off 表示不显示垂直滚动条；auto 表示需要的时候显示。

如果要改变 ScrollPane 的大小，可以使用"任意变形工具"。

图 9-33 所示是在 ScrollPane 中显示影片剪辑的效果。拖动 ScrollPane 的垂直滚动条和水平滚动条，可以看到影片剪辑的不同部分。

下面通过一个简单实例介绍 ScrollPane 组件的用法。

（1）创建一个 ActionScript 3.0 文档。从"组件"面板拖放一个 ScrollPane 组件到舞台上。

（2）选择绘图工具箱中的"任意变形工具"，然后单击舞台上的 ScrollPane，把鼠标移到右下角的控制点，当鼠标指针变成一个倾斜的双向箭头时，向右下方拖动，放大 ScrollPane。

（3）选择"文件"/"导入"/"导入到库"命令，导入一幅位图到"库"面板中。

（4）按 Ctrl + F8 键创建一个新的影片剪辑，命名为 sassy，然后将刚导入的位图拖到影片剪辑中，图片左上角与舞台中心点对齐。

（5）在"库"面板中选择影片剪辑 sassy，然后单击鼠标右键，在弹出的快捷菜单中选择"属性"命令。

（6）在打开的"元件属性"对话框中单击"高级"折叠按钮，然后在"ActionScript 链接"区域选择"为 ActionScript 导出"和"在第 1 帧导出"复选框。在"类"文本框中输入 sassy。

（7）返回主场景，选中 ScrollPane。在"组件参数"面板中将 Source 参数的值设置为 sassy。

（8）按 Ctrl + Enter 键测试 ScrollPane，效果如图 9-34 所示。

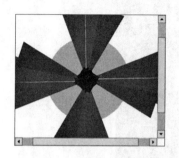　

图 9-33　ScrollPane 中的影片剪辑　　　　图 9-34　在 ScrollPane 中显示位图

9.3　实例——自定义滚动文本框

Animate 提供的滚动条组件已经可以完全胜任所有滚动文本的要求。本节将介绍如何制作一个滚动文本框。安排这一个例子的目的，是为了让读者看看如何把影片剪辑和 ActionScript 结合起来综合运用，重点关注的是其中的方法和思想。

9.3.1　添加按钮

（1）新建一个 ActionScript 3.0 文档。按 Ctrl + F8 键创建一个按钮元件 up，在元件编辑窗口中，使用绘图工具绘制一个向上的按钮，如图 9-35 左图所示。

（2）返回主场景，按 Ctrl + F8 键创建一个按钮元件 down。在元件编辑窗口中，使用绘图工具绘制一个向下的按钮，如图 9-35 右图所示。

图 9-35　绘制的向上和向下按钮

（3）返回主场景，按 Ctrl + F8 键创建一个影片剪辑，命名为 containerMC。在元件编辑模式下，把 containerMC 的当前层命名为 up button，然后打开"库"面板，拖放一个向上的按钮到这一层。选中向上的按钮实例，在属性面板上设置实例名称为 upBtn。

（4）在 containerMC 的时间轴添加一个新层，命名为 down button。在"库"面板中拖放一个向下的按钮到这一层。选中向下的按钮实例，在属性面板上设置实例名称为 downBtn。

9.3.2　制作文本框

（1）在 containerMC 的时间轴添加一个新图层，命名为 text box。

（2）选择绘图工具箱中的"文本工具"，在舞台上绘制一个文本框。

（3）选中文本框，在属性面板的"文本类型"下拉列表中选择"动态文本"，实例名称为 daTextBox，"行为"为"多行"，如图 9-36 所示。

图 9-36　动态文本框的属性设置

9.3.3　制作文本边框

（1）在 containerMC 的时间轴添加一个新层，命名为 outline。

（2）选择绘图工具箱中的"矩形工具"，设置笔触颜色为黑色，无填充颜色，在舞台上绘制一个只有边框的矩形。此时的滚动文本框效果如图 9-37 所示。

9.3.4　添加 containerMC 实例

（1）回到主时间轴。从"库"面板中拖放一个 con-tainerMC 实例到舞台上。

（2）新建一个图层，命名为 Actions。

（3）选中舞台上的 containerMC 实例，在属性面板上的"实例名称"文本框中输入 cMC，然后选中 Actions 层的第 1 帧，打开"动作"面板，添加如下的代码：

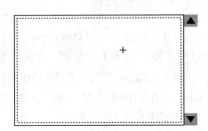

图 9-37　添加边框

```
cMC.daTextBox.text = "Go ahead, press the down arrow. The text moves,
it&apos;s magic. Believe it or not, you&apos;ll be able to do the same
thing by the end of the day. Seriously, and I&apos;m not just saying
that because I need to insert filler in here so that I can showcase the
scroller. Oh no, I believe in you. You can do this. You are, by far, the
most serious candidate for completing this tutorial I&apos;ve seen today.
And that new haircut is lovely. You know, if I could know for sure that
you&apos;re a woman, I&apos;d go out with you. Not that I&apos;m flirting
with you or anything. I mean, for all I know, you could be a 450 pounds
sumo wrestler and I wouldn&apos;t notice. Although, beauty is in the eye
of the beholder. Unless you&apos;re talking about the crappy movie by that
```

```
name. What was I talking about?</FONT></P>";
    var scrolling:String="";
    var frameCounter:int= 1;
    var speedFactor:Number= 3;
    var needInit:Boolean = false;

    // 注册鼠标按下事件侦听器
    cMC.upBtn.addEventListener(MouseEvent.MOUSE_DOWN, UpBtnDown);
    // 定义鼠标按下事件的处理函数
    function UpBtnDown(event:MouseEvent):void
    {
        scrolling = "up";
        frameCounter = speedFactor;
    }


    // 注册鼠标松开事件侦听器
    cMC.upBtn.addEventListener(MouseEvent.MOUSE_UP, MouseUpUp);
    // 定义鼠标松开事件的处理函数
    function MouseUpUp(event:MouseEvent):void
    {
        scrolling = "";
    }


    // 鼠标按下事件
    cMC.downBtn.addEventListener(MouseEvent.MOUSE_DOWN, DownBtnDown);
    function DownBtnDown(event:MouseEvent):void
    {
        scrolling = "down";
        frameCounter = speedFactor;
    }


    // 鼠标松开事件
    cMC.downBtn.addEventListener(MouseEvent.MOUSE_UP, MouseUpDown);
    function MouseUpDown(event:MouseEvent):void
    {
        scrolling = "";
    }
    // Enter Frame 事件
    addEventListener(Event.ENTER_FRAME, fl_EnterFrameHandler);
    // 定义 Enter Frame 事件处理函数
    function fl_EnterFrameHandler(event:Event):void
    {
      if( frameCounter % speedFactor == 0)
```

```
    {
    if( scrolling == "up" && cMC.daTextBox.scrollV > 1)
    {
    cMC.daTextBox.scrollV--;
    }
    else if( scrolling == "down" && cMC.daTextBox.scrollV < cMC.daTextBox.
maxScrollV)
    {
    cMC.daTextBox.scrollV++;
    }
    frameCounter = 0;
    }
    frameCounter++;
    }
```

由于是在 ENTER_FRAME 事件中处理滚动，如果帧频太大，滚动会非常快，必须通过某种方式控制它滚动的速度。比较好的方法是用一个变量 frameCounter 来计数当前所在帧，如果这个变量能被某个值 speedFactor 整除，那么就滚动，否则什么也不做。

第一次单击按钮时，希望能得到最快的响应，所以把 frameCounter 设置成 speedFactor，下一次 ENTER_FRAME 消息就会被响应。

此时按 Ctrl + Enter 键，可以看到如图 9-38 所示的效果。初始时如图 9-38 左图所示，向上的按钮不可用，单击向下的箭头按钮，或在向下的箭头按钮上按下鼠标左键，文本向上滚动；单击向上的箭头按钮，或在向上的箭头按钮上按下鼠标左键，文本向下滚动，如图 9-38 右图所示。

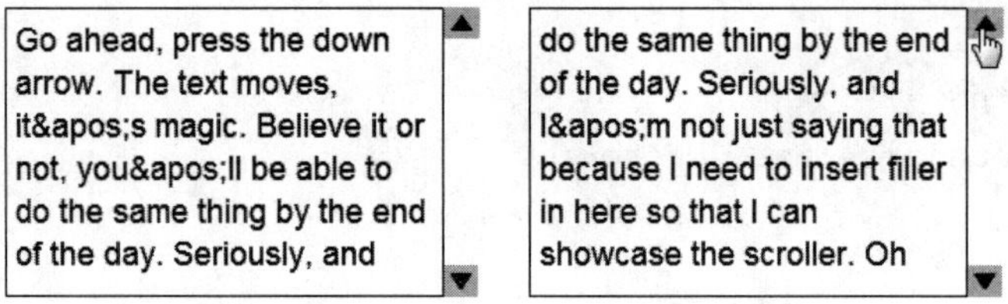

图 9-38　滚动文本框效果

（4）修改文本框中文本的来源，从外部文件读取文本数据。固定文本框中的文本很容易，但是如果以后要改变文本框的内容，就必须重新编辑源码，很不方便。接下来修改代码，从外部文件读取文本。

把上面填入文本框中的文本复制到一个空的文本文件中，使用记事本就可以完成要求。所有的文字应该都在一行，除非使用了自动换行功能。保存这个文件为 text.txt，放在影片源文件同一目录下。

外部文件准备好了，接下来修改 containerMC 的代码。

（5）选中舞台上的 containerMC 实例，打开"动作"面板，将 Actions 层第 1 帧的代码替换为如下的代码：

```
// 加载外部文本
var fl_TextLoader:URLLoader = new URLLoader();
var fl_TextURLRequest:URLRequest = new URLRequest("text.txt");
// 注册侦听器
fl_TextLoader.addEventListener(Event.COMPLETE, readComplete);
// 定义侦听器
function readComplete (event:Event):void
{
    cMC.daTextBox.text = new String(fl_TextLoader.data);
}
// 加载文本
fl_TextLoader.load(fl_TextURLRequest);

var scrolling:String="";
var frameCounter:int= 1;
var speedFactor:Number= 3;

// Enter Frame 事件
addEventListener(Event.ENTER_FRAME, fl_EnterFrameHandler);

function fl_EnterFrameHandler(event:Event):void
{
  if( frameCounter % speedFactor == 0)
  {
  if( scrolling == "up" && cMC.daTextBox.scrollV > 1)
  {
  cMC.daTextBox.scrollV--;
  }
  else if( scrolling == "down" && cMC.daTextBox.scrollV < cMC.daTextBox.
maxScrollV)
  {
  cMC.daTextBox.scrollV++;
  }
  frameCounter = 0;
  }
  frameCounter++;
}

// 鼠标按下事件
cMC.upBtn.addEventListener(MouseEvent.MOUSE_DOWN, UpBtnDown);
// 定义鼠标按下事件的处理函数
function UpBtnDown(event:MouseEvent):void
```

```
{
    scrolling = "up";
    frameCounter = speedFactor;
}

// 鼠标松开事件
cMC.upBtn.addEventListener(MouseEvent.MOUSE_UP, MouseUpUp);
// 定义鼠标松开事件的处理函数
function MouseUpUp(event:MouseEvent):void
{
    scrolling = "";
}

// 鼠标按下事件
cMC.downBtn.addEventListener(MouseEvent.MOUSE_DOWN, DownBtnDown);
// 定义鼠标按下事件的处理函数
function DownBtnDown(event:MouseEvent):void
{
    scrolling = "down";
    frameCounter = speedFactor;
}

// 鼠标松开事件
cMC.downBtn.addEventListener(MouseEvent.MOUSE_UP, MouseUpDown);
// 定义事件处理函数
function MouseUpDown(event:MouseEvent):void
{
    scrolling = "";
}
```

此时按 Ctrl + Enter 键，可以看到如图 9-38 所示的效果。

可能读者已经发现，在 Animate 中使用按钮的时候，将鼠标移到按钮上，鼠标指针就会变为小手的形状 。在某些情况下，这个功能很有用，因为它指示哪些区域是可以单击的。然而，在这个例子中，这个小手非但没有用，反而会出问题。首先，用户已经知道有一个滚动条可以单击，所有没有必要显示这种指示信息。其次，小手指针不是很精确，本例要模拟的是 Windows 滚动条，从没见过 Windows 滚动条上显示小手指针。

接下来使用影片剪辑代替向上和向下的按钮，隐藏按钮上的小手指针。

（6）进入 containerMC 影片剪辑，删除 upBtn 和 downBtn 按钮实例。

（7）按 Ctrl + F8 键创建一个影片剪辑，命名为 scroll button up。在元件编辑模式下，在第 1 帧导入一幅按钮普通状态（没有按下）的图片，如图 9-39 所示。

（8）选中第 2 帧，按 F6 键插入一个关键帧。在第 2 帧导入一幅按钮被按下的图片，如图 9-40 所示。

图 9-39 没有按下

图 9-40 按钮按下

（9）选中第 1 帧，打开"动作"面板，添加一行代码：

```
stop();
```

（10）按照上面相同的步骤，创建另外一个影片剪辑，命名为 scroll button down。第 1 帧和第 2 帧的两幅图片换成箭头向下的按钮图片。

（11）双击"库"面板中的 containerMC，进入 containerMC 的时间轴。单击 up button 层，然后在"库"面板中拖动一个 scroll button up 实例到 containerMC 的舞台上。选中 scroll button up 实例，在属性面板上的"实例名称"文本框中输入 upBtn。

（12）单击 down button 层，然后从"库"面板中拖动一个 scroll button down 实例到 containerMC 的舞台上。选中 scroll button down 实例，在属性面板上的"实例名称"文本框中输入 downBtn。此时的 containerMC 实例效果如图 9-41 所示。

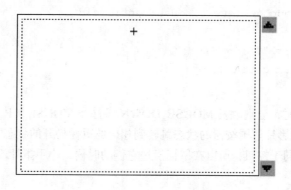

图 9-41 containerMC 实例效果

（13）返回到主场景，选中舞台上的 containerMC 实例，打开"动作"面板，将 upBtn 按钮和 downBtn 按钮的 MOUSE_DOWN 和 MOUSE_UP 事件处理函数修改为如下代码：

```
// 鼠标按下事件
cMC.upBtn.addEventListener(MouseEvent.MOUSE_DOWN, UpBtnDown);
// 定义鼠标按下事件的处理函数
function UpBtnDown(event:MouseEvent):void
{
    scrolling = "up";
    frameCounter = speedFactor;
    cMC.upBtn.gotoAndStop(2);
    }

// 鼠标松开事件
cMC.upBtn.addEventListener(MouseEvent.MOUSE_UP, MouseUpUp);
```

```
function MouseUpUp(event:MouseEvent):void
{
    scrolling = "";
    cMC.upBtn.gotoAndStop(1);
}

// 鼠标按下事件
cMC.downBtn.addEventListener(MouseEvent.MOUSE_DOWN, DownBtnDown);
function DownBtnDown(event:MouseEvent):void
{
    scrolling = "down";
    frameCounter = speedFactor;
    cMC.downBtn.gotoAndStop(2);
}

// 鼠标松开事件
cMC.downBtn.addEventListener(MouseEvent.MOUSE_UP, MouseUpDown);
function MouseUpDown(event:MouseEvent):void
{
    scrolling = "";
    cMC.downBtn.gotoAndStop(1);
}
```

鼠标按下和松开时，分别触发 MOUSE_DOWN 事件和 MOUSE_UP 事件。首先重置 scrolling 变量，然后把两个影片剪辑按钮的状态跳转到相应的鼠标松开的状态。

由于影片剪辑不同于按钮，所以在鼠标滑过它们的时候，小手指针不会出现。

9.3.5 制作滚动条

一个滚动条要工作，必须具有以下的一些机制。

① 必须在某些限制条件下才可以拖动，它的位置必须可以指示文本框的滚动。

② 必须根据文本的长度自动缩放，通过这个方法告诉访问者文本有多长。

例如，如果文本的长度是文本框可视区域的两倍，那么滚动条高度应该正好是它的最大高度的一半。滚动条高度越小，说明文本内容越多。

③ 在单击向上和向下按钮时，必须可以滚动。

下面开始制作滚动条，操作步骤如下：

（1）绘制滚动条。按 Ctrl + F8 键创建一个影片剪辑，命名为 scrollbar。在元件编辑模式下，在 scrollbar 的舞台上导入一幅滚动条的图片，或者使用绘图工具绘制滚动条形状。

（2）选中滚动条并移动，使滚动条的顶端中点位于坐标为 (0，0) 的位置，也就是顶边中点与注册点对齐，如图 9-42 所示。这样，缩放影片剪辑 scrollbar 时，只有 scrollbar 的底端缩放，而顶端不动。

（3）双击"库"面板中的 containerMC 元件，进入 containerMC 的元件编辑窗口。添加一个新层，命名为 scrollbar。在"库"面板中拖动一个 scrollbar 实例到 containerMC 的 scrollbar 层。

（4）选中 scrollbar 实例，在属性面板上的"实例名称"文本框中输入 scrollbar。移动 scrollbar 实例，使其 y 坐标为 0，如图 9-43 所示。使 containerMC 和 scrollbar 的注册点在同一条水平线上。

图 9-42　滚动条

图 9-43　添加滚动条后的 containerMC

（5）返回主场景。选中舞台上的 containerMC 实例，然后打开"动作"面板，用下面的代码替换原来的代码：

```
// 引入包路径
import flash.geom.Rectangle;
cMC.daTextBox.text = "Go ahead, press the down arrow. The text moves,
it&apos;s magic. Believe it or not, you&apos;ll be able to do the same
thing by the end of the day. Seriously, and I&apos;m not just saying
that because I need to insert filler in here so that I can showcase the
scroller. Oh no, I believe in you. You can do this. You are, by far, the
most serious candidate for completing this tutorial I&apos;ve seen today.
And that new haircut is lovely. You know, if I could know for sure that
you&apos;re a woman, I&apos;d go out with you. Not that I&apos;m flirting
with you or anything. I mean, for all I know, you could be a 450 pounds
sumo wrestler and I wouldn&apos;t notice. Although, beauty is in the eye
of the beholder. Unless you&apos;re talking about the crappy movie by that
name. What was I talking about?</FONT></P>";
// 定义变量
var scrolling:String ="";
var frameCounter:int = 1;
var speedFactor:Number = 3;
var numLines:int = 7;
var origHeight:Number = 160;
var origX:Number = cMC.scrollbar.x;

var totalLines:int = numLines + cMC.daTextBox.maxScrollV-1;
cMC.scrollbar.height = origHeight*(numLines/totalLines);
var deltaHeight:Number = origHeight-cMC.scrollbar.height;
var lineHeight:Number = deltaHeight/(cMC.daTextBox.maxScrollV-1);

// 定义滚动条纵向位置
function updateScrollBarPos()
```

```
{
  cMC.scrollbar.y = lineHeight*(cMC.daTextBox.scrollV-1);
}


// Enter Frame 事件
addEventListener(Event.ENTER_FRAME, fl_EnterFrameHandler);
function fl_EnterFrameHandler(event:Event):void
{
if( frameCounter % speedFactor == 0)
  {
  if( scrolling == "up" && cMC.daTextBox.scrollV > 1)
  {
  cMC.daTextBox.scrollV--;
 updateScrollBarPos();
  }
 else if( scrolling == "down" && cMC.daTextBox.scrollV < cMC.daTextBox.
maxScrollV)
  {
cMC.daTextBox.scrollV++;
 updateScrollBarPos();
}
frameCounter = 0;
}
frameCounter++;
  }


// 鼠标按下向上按钮事件
cMC.upBtn.addEventListener(MouseEvent.MOUSE_DOWN, UpBtnDown);
function UpBtnDown(event:MouseEvent):void
{
    scrolling = "up";
    frameCounter = speedFactor;
    cMC.upBtn.gotoAndStop(2);
}


// 鼠标松开向上按钮事件
cMC.upBtn.addEventListener(MouseEvent.MOUSE_UP, MouseUpUp);
function MouseUpUp(event:MouseEvent):void
{
    scrolling = "";
    cMC.upBtn.gotoAndStop(1);
}
```

```
// 鼠标按下向下按钮事件
cMC.downBtn.addEventListener(MouseEvent.MOUSE_DOWN, DownBtnDown);
function DownBtnDown(event:MouseEvent):void
{
    scrolling = "down";
    frameCounter = speedFactor;
    cMC.downBtn.gotoAndStop(2);
}


// 鼠标松开向下按钮事件
cMC.downBtn.addEventListener(MouseEvent.MOUSE_UP, MouseUpDown);
function MouseUpDown(event:MouseEvent):void
{
    scrolling = "";
    cMC.downBtn.gotoAndStop(1);
}


// 拖放滚动条
cMC.scrollbar.addEventListener(MouseEvent.MOUSE_DOWN, PressToDrag);
function PressToDrag(event:MouseEvent):void
{
    var fw:Rectangle=new Rectangle(origX,0,0,deltaHeight);
    cMC.scrollbar.startDrag(false,fw);
    scrolling = "scrollbar";
 }


stage.addEventListener(MouseEvent.MOUSE_UP, ReleaseToDrop);
function ReleaseToDrop(event:MouseEvent):void
{
    cMC.scrollbar.stopDrag();
}


cMC.scrollbar.addEventListener(MouseEvent.MOUSE_MOVE, moveMouse);
// 鼠标移动事件处理函数
function moveMouse(event:MouseEvent):void
{
if(scrolling == "scrollbar")
{
    cMC.daTextBox.scrollV = Math.round((cMC.scrollbar.y)/lineHeight
        + 1);
}
}
```

numLines 变量定义文本框中可见文本的行数。初始时，将 scrollbar 最初的高度和 X 坐标保存起来，以后要用到它们。

一旦读入文本文件，而且分析完毕，就可以根据文本的长度指定 scrollbar 的高度。所以，当以上的一切工作完成之后，定义初始化后 scrollbar 的相关变量：

```
var totalLines:int = numLines + cMC.daTextBox.maxScrollV-1;
cMC.scrollbar.height = origHeight*(numLines/totalLines);
var deltaHeight:Number = origHeight-cMC.scrollbar.height;
var lineHeight:Number = deltaHeight/(cMC.daTextBox.maxScrollV-1);
```

第一行很简单，把总的文本行数存在一个变量 totalLines 中。

第二行把 scrollbar 的高度设置成和文本的行数成比例。假设有 20 行文本，而文本框的可视区域只有 10 行，scrollbar 的高度应该是它最大高度的一半，也就是 numLines 等于 10。maxScrollV 等于 11，所以 totalLines = 10 + 11-1 = 20；scaleY 应该是 10/20 = 0.5，这样就把 scrollbar 的高度设置为原来的 1/2。

第三行定义一个 deltaHeight 变量，代表可以拖动的区域。可拖动的高度是 scrollbar 原来的高度与经过调整以后的新高度的高度差。

为了知道滚动文本的哪一部分与 scrollbar 相关联，需要定义一个变量 lineHeight，表示滚动一行文本对应地应该移动 scrollbar 多少像素。

在 mouseDown 事件处理函数中，添加了几行代码处理 scrollbar 的单击事件。

```
cMC.scrollbar.addEventListener(MouseEvent.MOUSE_DOWN, PressToDrag);
function PressToDrag(event:MouseEvent):void
{
    var fw:Rectangle = new Rectangle(origX,0,0,deltaHeight);
    cMC.scrollbar.startDrag(false,fw);
    scrolling = "scrollbar";
}
```

第一行注册 scrollbar 的侦听器。

如果在 scrollbar 下按下了鼠标，应该开始拖动它，所以使用了 startDrag() 方法。startDrag() 方法有两个参数，第一个参数表示要拖动对象时的鼠标位置，如果参数为 true，则拖动对象时鼠标的位置会自动移到该对象的内部注册点；如果参数为 false，则鼠标位置为单击拖动对象时的鼠标位置。

startDrag() 方法的第二个参数用于指定拖动对象的范围，如果不指定第二个参数，则对象可被拖动到任意位置。startDrag() 方法的第二个参数要求是 Rectangle 类型，因此应先创建一个 Rectangle 类型作为第二个参数使用：

```
// 新建一个 Rectangle 类
import flash.geom.Rectangle;
var fw:Rectangle = new Rectangle(origX,0,0,deltaHeight);
```

第一个和第二个参数表示 x，y 坐标，第三个和第四个参数表示要移动的对象的水平和纵向位移。在垂直方向，scrollbar 可以从 0 拖到 deltaHeight，deltaHeight 是 scrollbar 和上下箭头之间的区域；scrollbar 水平方向应该是不变的（因为这个是垂直滚动条），所以它的拖动范围是

(origX,0,0,deltaHeight)。

```
cMC.scrollbar.startDrag(false,fw);
```

最后，把 scrolling 变量设置成"scrollbar"，这样其他的代码就知道正在拖动的是 scrollbar。文本框的更新操作通过 mouseMove 事件的处理函数完成。

```
cMC.scrollbar.addEventListener(MouseEvent.MOUSE_MOVE, moveMouse);
function moveMouse(event:MouseEvent):void
{
    if(scrolling == "scrollbar")
{
  cMC.daTextBox.scrollV = Math.round((cMC.scrollbar.y)/lineHeight + 1);
}
}
```

鼠标移动时，mouseMove 事件被触发，要根据当前鼠标的位置调整某个影片剪辑的属性时，这个事件处理函数很有用。

首先，使用 if(scrolling == "scrollbar") 判断拖动的是否是 scrollbar。如果不是，就没有必要更新文本框；如果是，根据 scrollbar 的 y 坐标计算文本框的 scrollV 属性。

例如，假设 lineHeight 等于 10，scrollbar 的 y 坐标是 30，这就意味着应该滚动 3 行文本。由于 scrollV 属性从 1 开始，所以应该在这 3 行文本的基础上加最终的 scrollV 属性，应该是 4。使用 Math.round() 函数对结果取整，因为 scrollV 属性只允许整数值。

在 mouseUp 处理函数中，加了一句 stopDrag()，表示松开鼠标时，scrollbar 停止拖动。

```
stage.addEventListener(MouseEvent.MOUSE_UP, fl_ReleaseToDrop);
function fl_ReleaseToDrop(event:MouseEvent):void
{
    cMC.scrollbar.stopDrag();
}
```

现在需要的是单击 up 和 down 按钮时，scrollbar 也随之移动。在 Enter Frame 处理函数中，在要滚动的时候，添加了一个对函数 updateScrollbarPos() 的调用。下面就来看看这个自定义函数：

```
function updateScrollBarPos()
{
  cMC.scrollbar.y = lineHeight*(cMC.daTextBox.scrollV-1);
}
```

这里用到的方法与在 mouseMove 处理函数中用到的方法恰好相反，前面由 scrollbar 的 Y 坐标算出文本框的 scrollV 属性；这里反过来，从文本框的 scrollV 属性算出 scrollbar 的 Y 坐标。这两个等式在数学上是完全等价的。

（6）按 Ctrl + Enter 键，预览滚动文本框效果。拖动滚动条，可以浏览文本框的内容，如图 9-44 所示。

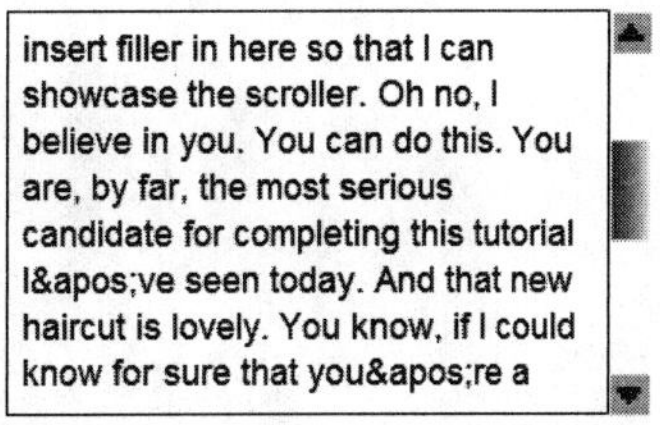

insert filler in here so that I can showcase the scroller. Oh no, I believe in you. You can do this. You are, by far, the most serious candidate for completing this tutorial I've seen today. And that new haircut is lovely. You know, if I could know for sure that you're a

图 9-44 自定义滚动文本框外观

9.4　本章小结

　　本章通过一些实例介绍了 ComboBox、CheckBox、UIScrollBar 和 ScrollPane 的使用，最后用一个很长的例子实现了一个滚动文本框。显然，目的不是滚动条，而是实现滚动条的具体过程。要求读者学的是该控制什么，怎么去控制，这是一切东西实现的根本。学会了这个原理，读者就可以创建自己的组件，做出独具风格的东西。

9.5　思考与练习

1. 简述 ComboBox、CheckBox、Button 的功能。
2. 简述 RadioBox 如何添加，选择的结果如何得到。
3. 简述 ScrollBar 和 ScrollPane 的区别，以及它们各有什么优缺点。
4. 滚动条要工作，必须具有哪些机制？
5. 如何绘制一个滚动条以及文本框？
6. 简述一下本章实例的制作过程，并思考哪些地方是难点。
7. 请自己动手制作简单的动态文本框，装载文本。
8. 请读者自己动手浏览一下组件列表，并添加组件。
9. 参考滑动条组件实例中组件的封装过程，制作一个水平的滚动条，并封装成组件。

第 10 章　综合实例

本章导读

　　本章介绍 3 个实例的具体制作步骤，包括制作课件、实时钟和射击游戏，它们虽然都不是太难，但综合性比较强，读者在学习的时候不仅要学习它们的制作方法，更要学习它们的制作思路。作为本书的最后一章，基础的知识在前面的章节中都已讲解，而具体的操作还需读者勤加练习，多想多做，这样才能不断创新，制作出独具风格的动画。

- 制作反射波演示动画
- 制作实时钟
- 制作精彩射击游戏

Animate 2024 中文版标准实例教程

10.1 制作反射波演示动画

本节介绍一个传输线上的反射波的演示动画制作过程。内容包括图形元件和按钮的制作、将元件添加进场景，最后使用 ActionScript 控制影片剪辑播放。本节效果图如图 10-1 所示。

10.1.1 制作元件

（1）新建一个 Animate 文件（ActionScript 3.0），设置舞台大小为 533×400 像素，帧频为 25。

（2）执行"修改"|"文档"命令，将舞台颜色设置为黑色，如图 10-2 所示。

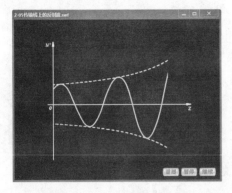

图 10-1 传输线上的反射波

图 10-2 设置舞台颜色

（3）将图层 1 重命名为"坐标系"图层。选择矩形工具，设置笔触颜色为无，填充颜色为白色，绘制一个大于舞台的矩形，如图 10-3 所示。

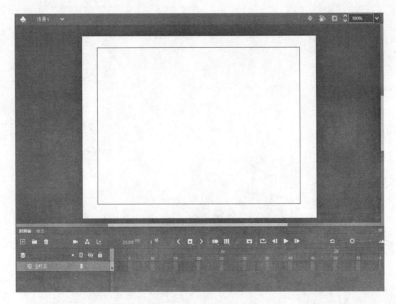

图 10-3 绘制矩形

（4）执行"插入"|"新建元件"命令，创建一个名为"坐标系"的图形元件，如图 10-4 所示。

（5）选择线条工具，设置笔触颜色为白色，笔触大小为 2，绘制如图 10-5 所示的坐标轴。

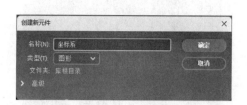

图 10-4 新建元件对话框

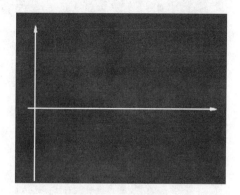

图 10-5 绘制坐标轴

（6）选择文本工具，在属性面板设置字体为 Vijaya，字号大小为 20，填充颜色为白色，如图 10-6 所示。

（7）在空白处单击输入文本"u+"选中"+"，单机 **T** 按钮，将"+"切换为上标。在空白处分别输入文本"o"和"z"，将文本移动到合适的位置，如图 10-7 所示。

图 10-6 文本属性设置

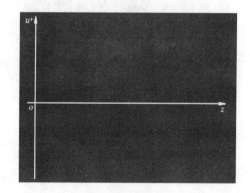

图 10-7 调整文本位置

（8）用选择工具按住 shift 同时选中"o"和"z"，执行"修改"|"分离"命令，将文字转换为矢量图形。用同样的方法执行两次"修改"|"分离"命令将文本"u+"分散。

（9）选择钢笔工具，设置笔触颜色为白色，笔触大小为 2，线条样式为虚线，如图 10-8 所示。

（10）绘制两条曲线，并放置在合适的位置，如图 10-9 所示。

（11）返回主场景。执行"插入"|"新建元件"命令，创建一个名为"symbol 1"的图形元件。

（12）选择钢笔工具，笔触颜色设置为绿色，大小为 2.5，如图 10-10 所示，绘制如图 10-11 所示的曲线。

图 10-8　设置钢笔工具属性

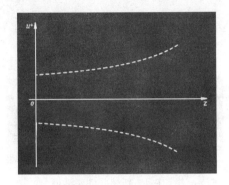

图 10-9　绘制曲线

图 10-10　设置钢笔工具属性

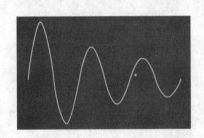

图 10-11　绘制曲线

（13）在第 15 帧单击鼠标右键，在弹出的快捷菜单中选择转换为关键帧，调整曲线，如图 10-12 所示。分别将第 30 帧、第 45 帧、第 59 帧转换为关键帧，分别将曲线调整为如图 10-13～图 10-15 所示的效果。

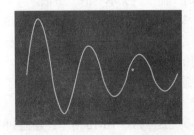

图 10-12　第 15 帧曲线

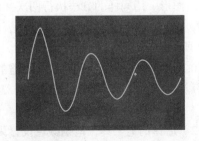

图 10-13　第 30 帧曲线

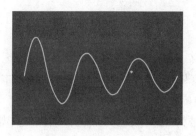

图 10-14　第 45 帧曲线

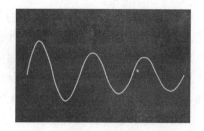

图 10-15　第 59 帧曲线

（14）在第 1 帧和第 15 帧之间的任一帧上单击鼠标右键，在弹出的快捷菜单中选择"创建补间形状"命令；同样的方法，在第 16 ~ 30 帧、第 31 ~ 45 帧和第 46 ~ 59 帧之间创建补间形状。此时的时间轴如图 10-16 所示。

图 10-16　时间轴窗口

（15）将第 1 帧的曲线进行复制。返回主场景，执行"插入"|"新建元件"命令，创建一个名为"symbol 2"的图形元件。将复制的曲线进行粘贴。

（16）返回主场景，执行"插入"|"新建元件"命令，创建一个名为"矩形 1"的图形元件。在工具箱中选择矩形工具，填充颜色为白色，笔触颜色为无，笔触大小为 1，绘制一个矩形，用选择工具选中绘制好的矩形，在属性面板将宽高的纵横比锁定解除，修改矩形的大小为宽 300，高 294，如图 10-17 所示。

（17）返回主场景，用同样的方法创建宽 169 高 94.5 的"矩形 2"图形元件。

（18）返回主场景，执行"插入"|"新建元件"命令，创建一个名为"标注 1"的图形元件。利用直线工具和文本工具绘制如图 10-18 所示的"标注 1"图形元件。返回主场景，利用同样的方法创建如图 10-19 所示的"标注 2"图形元件。

图 10-17　修改矩形的大小

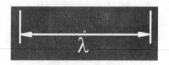

图 10-18　"标注 1"图形元件

图 10-19　"标注 2"图形元件

（19）返回主场景，执行"插入"|"新建元件"命令，创建一个名为"开始"的按钮元件，

如图 10-20 所示。在元件编辑窗口中，选择绘图工具箱中的矩形工具 ▣ ，在属性面板上设置无笔触颜色，边角半径为 15，如图 10-21 所示。

（20）在舞台上绘制一个矩形，将大小改为宽 40 高 20。

（21）打开"颜色"面板，设置填充模型为"线性渐变"，调制绿白渐变色。选择工具箱中的"渐变变形"工具，改变填充方向，最终效果如图 10-22 所示。

（22）选择文本工具，设置字体为"宋体"，字号为 15，颜色为黑色，输入"开始"，如图 10-23 所示。

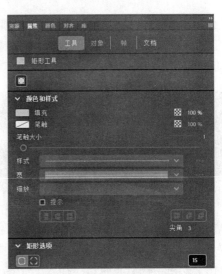

图 10-20　创建"开始"按钮元件　　　　　图 10-21　矩形属性设置

图 10-22　填充矩形

图 10-23　输入"开始"

（23）选择文本，执行两次"修改"|"分离"命令，将文字分散。

（24）返回主场景，执行"插入"|"新建元件"命令，创建一个名为"重播"的按钮元件。在元件编辑窗口中，选择绘图工具箱中的矩形工具 ▣ ，在属性面板上设置无笔触颜色，边角半径为 15，在舞台上绘制一个矩形，将大小改为宽 40 高 20。

（25）打开"颜色"面板，设置填充模型为"线性渐变"，调制黄白渐变色。选择工具箱中的"渐变变形"工具，改变填充方向，最终效果如图 10-24 所示。

（26）选择文本工具，设置字体为"宋体"，字号为 15，颜色为黑色，输入"重播"，如图 10-25 所示。

图 10-24　填充矩形

图 10-25　输入"重播"

（27）在"弹起""指针经过""按下"和"点击"帧插入关键帧，在"按下"帧将矩形填充改为蓝白渐变填充，在"点击"帧将文本删除，矩形填充改为白色。

（28）在"弹起""指针经过"和"按下"选择文本，分别对文本执行两次"修改"|"分离"命令，将文字分散。此时的时间轴如图 10-26 所示。

（29）返回主场景，用同样的方法创建"暂停"和"继续"按钮元件。

图 10-26　重播按钮元件的时间轴窗口

10.1.2　将元件添加进场景

（1）返回主场景，新建 6 个图层，分别命名为反射波、mask_1、标注、mask_2、按钮和 action，如图 10-27 所示。

（2）在坐标系图层的第 2 帧插入空白关键帧，打开库面板，将"坐标系"元件拖入舞台，并放置在合适的位置，如图 10-28 所示。

（3）在坐标系图层的第 170 帧插入帧。

（4）在反射波图层的第 2 帧插入空白关键帧。将"symbol 1"元件拖入舞台并放置在合适的位置，执行"修改"|"变形"|"水平翻转"命令，结果如图 10-29 所示。

图 10-27　图层结构

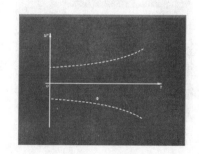

图 10-28　拖放"坐标系"元件

（5）在反射波图层的第 60 帧插入关键帧。将"symbol 1"元件向左移动到合适的位置，如图 10-30 所示。

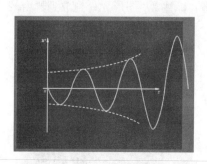

图 10-29　拖放"symbol 1"元件并水平翻转

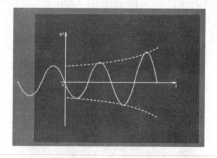

图 10-30　调整元件的位置

（6）在反射波图层的第 2 帧和第 60 帧之前的任一帧上单击鼠标右键，在弹出的快捷菜单中选择"创建传统补间"命令。

（7）在反射波图层的第 61 帧插入空白关键帧。将 "symbol 2" 元件拖放到合适的位置，并执行 "修改" | "变形" | "水平翻转" 命令，结果如图 10-31 所示。

（8）在反射波图层的第 111 帧插入空白关键帧。重复（7）步骤的操作。

（9）在反射波图层的第 169 帧插入关键帧。重复（8）步骤的操作。

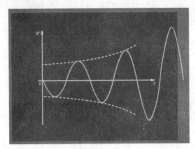

图 10-31　拖放 "symbol 2" 元件并水平翻转

（10）在反射波图层的第 111 帧和第 169 帧之前的任一帧上单击鼠标右键，在弹出的快捷菜单中选择 "创建传统补间" 命令。

（11）在 mask_1 图层的第 2 帧插入空白关键帧。将 "矩形 1" 元件拖入舞台并放置在合适的位置，如图 10-32 所示。

（12）在 mask_1 图层的第 170 帧插入帧。将 mask_1 图层设为遮罩图层，并隐藏图层，如图 10-33 所示。

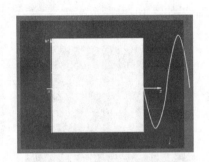

图 10-32　拖放 "矩形 1" 元件

图 10-33　设为遮罩并隐藏 mask_1 图层

（13）在标注图层的第 70 帧插入空白关键帧。将 "标注 1" 图形元件拖放到舞台的合适位置，如图 10-34 所示。

（14）在标注图层的第 104 帧插入空白关键帧。

（15）在标注图层的第 127 帧插入空白关键帧。将 "标注 2" 图形元件拖放到舞台的合适位置，如图 10-35 所示。

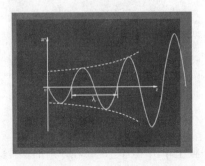

图 10-34　拖放 "标注 1" 元件

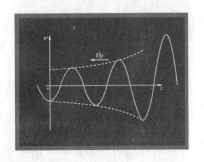

图 10-35　拖放 "标注 2" 元件

（16）在标注图层的第 145 帧插入帧。

（17）在 mask_2 图层的第 70 帧插入空白关键帧。将"矩形 2"元件拖入舞台并放置在合适的位置，如图 10-36 所示。

（18）在 mask_2 图层的第 95 帧插入关键帧。将"矩形 2"元件向右移动到合适的位置，如图 10-37 所示。

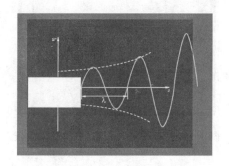

图 10-36 拖放"矩形 2"元件

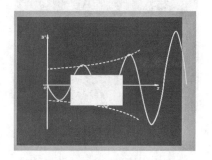

图 10-37 移动"矩形 2"元件

（19）在 mask_2 图层的第 103 帧插入关键帧。在 mask_2 图层的第 70 帧和第 95 帧之前的任一帧上单击鼠标右键，在弹出的快捷菜单中选择"创建传统补间"命令。同样的方法，在第 95 帧和第 103 帧之间创建传统补间关系。

（20）将 mask_2 图层设为遮罩图层，如图 10-38 所示。

（21）在按钮图层的第 1 帧拖入"开始"按钮元件并放置在合适的位置，如图 10-39 所示。

图 10-38 将 mask_2 设为遮罩图层

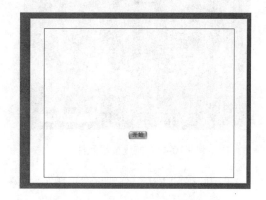

图 10-39 拖放"开始"按钮元件

（22）在工具箱中选择文本工具，在属性面板设置字体为宋体，大小为 25，颜色为红色，如图 10-40 所示。

（23）使用文本工具输入"传输线上的电压反射波"。将文本放置在合适的位置，如图 10-41 所示。

（24）在按钮图层的第 2 帧插入空白关键帧，将"重播""暂停"和"继续"按钮元件拖放到舞台的合适位置，如图 10-42 所示。

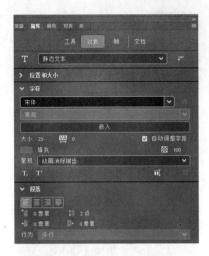

图 10-40　文本属性设置

图 10-41　输入文本并放置在合适的位置

（25）在按钮图层的第 170 帧插入帧。

10.1.3　用 ActionScript 控制影片播放

（1）用选择工具选中"开始"按钮元件，在属性面板中填写实例名为 button_1，如图 10-43 所示。

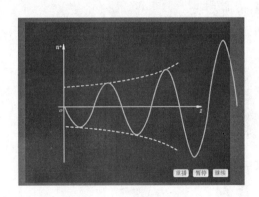

图 10-42　拖放按钮元件

图 10-43　填写实例名称

（2）用同样的方法，分别将"重播""暂停"和"继续"实例名命名为 button_2、button_3、button_4。

（3）执行"窗口"|"动作"命令，打开动作窗口。在 action 图层的第 1 帧添加如下代码：

```
stop();（注意区分大小写）
```

（4）将 action 图层的第 170 帧转换为空白关键帧并输入如下代码：

```
gotoAndPlay(2);
```

（5）在 action 图层选中"开始"按钮并添加如下代码：

```
button_1.addEventListener(MouseEvent.CLICK, fl_
```

```
ClickToGoToAndPlayFromFrame_4);
    function fl_ClickToGoToAndPlayFromFrame_4(event:MouseEvent):void
    {
        play();
    }
```

（6）在 action 图层选中"重播"按钮并添加如下代码：

```
button_2.addEventListener(MouseEvent.CLICK, fl_
ClickToGoToAndPlayFromFrame_8);
    function fl_ClickToGoToAndPlayFromFrame_8(event:MouseEvent):void
    {
        gotoAndPlay(1);
    }
```

（7）在 action 图层选中"暂停"按钮并添加如下代码：

```
button_3.addEventListener(MouseEvent.CLICK, fl_
ClickToGoToAndStopAtFrame_4);
    function fl_ClickToGoToAndStopAtFrame_4(event:MouseEvent):void
    {
        stop();
    }
```

（8）在 action 图层选中"继续"按钮并添加如下代码：

```
button_4.addEventListener(MouseEvent.CLICK, fl_
ClickToGoToAndPlayFromFrame_5);
    function fl_ClickToGoToAndPlayFromFrame_5(event:MouseEvent):void
    {
        play();
    }
```

此时的动作面板如图 10-44 所示。

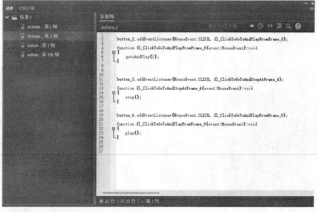

图 10-44　动作面板

225

（9）执行"控制"|"测试"命令，就可以看到动画效果了。

10.2 制作实时钟

本节将通过制作一个实时钟的实例，帮助读者掌握 Date 对象的使用。本节主要内容包括使用 Date 对象和创建走动的指针。如图 10-45 所示是实时钟的外观，它可以显示年、月、日、星期，并且用两种方式显示时、分、秒。

图 10-45　实时钟

10.2.1　制作界面

（1）新建一个 ActionScript 3.0 文件，背景颜色为 #000066。

（2）创建一个影片剪辑用于放置钟面，名称为 fundo。进入元件编辑窗口，将当前图层重命名为 back，然后在第 1 帧绘制一个小的圆心和一个大的圆环，如图 10-46 所示。

需要注意的是，中间的圆心一定要正好位于坐标为 (0,0) 的位置，圆环的圆心也以 (0,0) 为圆点。可以通过"信息"面板调整圆心位置。

（3）在 fundo 影片剪辑中，添加一个新的图层，命名为 glass。在这一层绘制一个如图 10-47 所示的圆，与 back 层的大圆环重合，采用线性渐变方式填充。这两层叠加在一起的效果如图 10-48 所示。

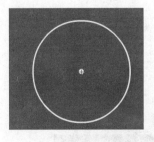

图 10-46　back 层效果

图 10-47　glass 层效果

（4）新建一个图层，重命名为 number。在这一层使用"文本工具"添加 12 点、3 点、6 点、9 点四个静态文本框。调整它们的位置，使它们位于大圆环之内，如图 10-49 所示。

> 提示：调整位置时，可以使用辅助线定位。

（5）新建一个图层，重命名为 tras。在这一层添加其他的整点标志，每一个都是一个静态文本框。按如图 10-50 所示的布局放置。

　　　　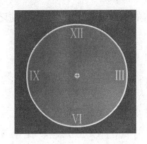

图 10-48　叠加效果　　　　图 10-49　添加四个文本框　　　图 10-50　添加其余的文本框

10.2.2　制作表针

（1）按 Ctrl+F8 键创建一个图形元件，命名为 HourArm。在元件编辑窗口绘制如图 10-51 所示的时针，注意时针下边线的中点坐标是（0,0），通过"信息"面板设置。

（2）按 Ctrl+F8 键创建一个图形元件，命名为 MinutesArm。按照图 10-52 所示绘制分针，注意分针下边线的中点坐标是（0,0）。

（3）按 Ctrl+F8 键创建一个图形元件，命名为 SecondsArm。按照图 10-53 所示绘制秒针，注意秒针下边线的中点坐标是（0,0）。

图 10-51　时针　　　　　　图 10-52　分针　　　　　　图 10-53　秒针

（4）按 Ctrl+F8 键创建一个影片剪辑，命名为 Hr。在第 1 帧拖入一个 HourArm 图形元件。指针的下边线的中点位于 Hr 影片剪辑的（0,0）处。

（5）插入 59 个关键帧，然后调整每帧中 HourArm 的旋转角度为 6°，让它们按照顺时针旋转一周，洋葱皮效果如图 10-54 所示。

提示：也可以使用传统补间方法制作旋转动画。

（6）打开"动作"面板，在第1帧添加如下的语句：

```
stop();
```

（7）按Ctrl+F8键创建一个影片剪辑，命名为Min。在第1帧拖入一个MinutesArm图形元件，指针的下边线中点位于Hr影片剪辑的（0,0）处。在第2帧、第31帧、第51帧和第60帧分别插入关键帧，将第2帧的实例旋转6°；第31帧的实例旋转180°，第51帧的实例旋转300°，第60帧的实例旋转354°，然后在相邻的两个关键帧之间创建传统补间。洋葱皮效果如图10-55所示。

（8）打开"动作"面板，在第1帧添加如下代码：

```
stop();
```

（9）按Ctrl+F8键创建一个影片剪辑，命名为Sec。在第1帧拖入一个SecondsArm图形元件，指针的下边线中点位于Hr影片剪辑的（0,0）处。在第31帧、第51帧和第60帧分别插入关键帧，将第31帧的实例旋转180°，第51帧的实例旋转300°，第60帧的实例旋转354°，然后在相邻的两个关键帧之间创建传统补间，洋葱皮效果如图10-56所示。

　　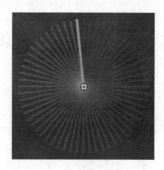

图10-54　影片剪辑Hr　　　　图10-55　影片剪辑Min　　　　图10-56　影片剪辑Sec

10.2.3　制作Clock

前面几节已制作了实时钟的表盘、刻度和指针，本节将这些组成部分整合成实时钟影片剪辑。

（1）按Ctrl+F8键创建一个影片剪辑，命名为Clock。将当前图层的名称修改为Clock background。然后在第1帧拖入一个图形元件fundo，使图形实例的中心点位于坐标为（0,0）的位置。

（2）添加实例。插入一个新层，命名为Seconds，从"库"面板中拖动一个Sec影片剪辑到舞台，放置在坐标为（0,0）的位置，然后在属性面板上指定实例名称为Seconds。

（3）插入一个图层，命名为Minutes，从"库"面板中拖动一个Min影片剪辑到舞台上，放置在坐标为（0,0）的位置，然后在属性面板上指定实例名称为Minutes。

（4）插入一个图层，命名为Hours，从"库"面板中拖动一个Hr影片剪辑到舞台上，放置在坐标为（0,0）的位置，然后在属性面板上指定实例名称为 Hours。

此时，Clock 影片剪辑的外观如图 10-57 所示。

图 10-57　Clock 的外观

10.2.4　添加实例

（1）回到主场景，按 Ctrl+L 键打开"库"面板，拖动一个 Clock 影片剪辑的实例到舞台上，然后在属性面板上指定实例名称为 Clock。

（2）新建一个名为 Actions 的图层，打开"动作"面板，在脚本窗格中输入如下代码：

```
// Enter Frame 事件
addEventListener(Event.ENTER_FRAME, showTime);
// 定义 Enter Frame 事件处理函数
function showTime(event:Event):void
{
// 获取时间信息，并存储在变量 MyDate 中
  var MyDate:Date = new Date();
// 给变量赋值
  var hour:int = MyDate.getHours();
  var minute:int = MyDate.getMinutes();
  var second:int = MyDate.getSeconds();
// 计算时针位置
  if (hour > 11)
  {
    hour = hour-12;
  }
  hour = hour*5;
 var movement:Number = minute/12;
  hour = int(hour+movement);
// 移动时针
      Clock.Hours.gotoAndStop(hour) + 1;
 // 移动分针
  Clock.Minutes.gotoAndStop(minute) + 1;
  // 移动秒针
  Clock.Seconds.gotoAndStop(second) + 1;
}
```

Date 是 Animate 预定义的对象，使用 new 操作符建立一个 Date 类型的变量 MyDate，并调用 Date 对象的成员函数 getHours、getMinutes、getSeconds 得到系统当前的时间，然后计算出相应的角度数。

```
Clock.Hours.gotoAndStop(hour) + 1;

Clock.Minutes.gotoAndStop(minute) + 1;
```

```
Clock.Seconds.gotoAndStop(second) + 1;
```

之所以还要加 1，是因为第一帧相当于 0。

10.2.5　添加其他信息

（1）在主时间轴中添加一个新层，命名为 info。使用绘图工具箱中的"文本工具"添加一个静态文本框，设置字体为"华文行楷"，大小为 40，颜色为黄色，输入如图 10-58 所示的内容。

图 10-58　添加文本框

Date 类型除了可以得到小时、分、秒的值以外，还可以得到月、日、年。下面就添加这些信息。

（2）在主时间轴添加一个新层，命名为 day。然后使用"文本工具"添加两个动态文本框，在属性面板上分别指定实例名称为 currentdate 和 year，属性设置如图 10-59 所示。

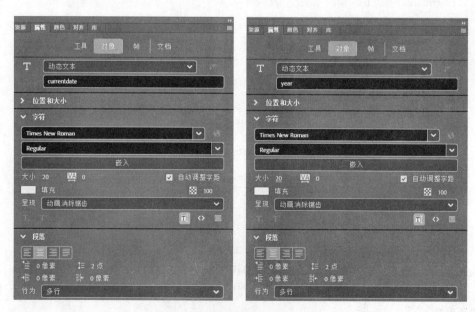

图 10-59　动态文本框的属性设置

（3）单击"嵌入"按钮，在弹出的"字体嵌入"对话框中设置嵌入字体的字符范围。注意文本框的宽度，需要进行适当调整，如图 10-60 所示。

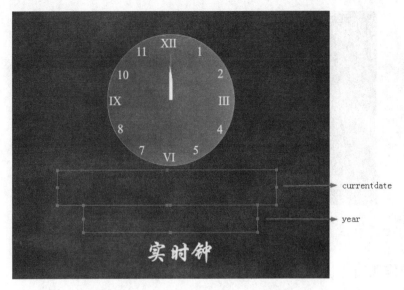

图 10-60　添加 currentdate 和 year 文本框

（4）打开"动作"面板，在影片剪辑 clock 的 Enter Frame 事件处理函数中，最后的"}"之前，添加下面的代码：

```
year.text = String(new Date().getFullYear());
currentdate.text = String(new Date());
```

第一行调用一个 Date 对象的 getFullYear() 函数，得到当前的年数，然后使用 String() 函数转换为字符串，并且把它赋值给文本框 year 的 text 属性，在名为 year 的动态文本框中显示。

第二行调用 String(new Date()) 函数，返回一个字符串格式的日期值，然后赋值给动态文本框 currentdate 的 text 属性。

至此，实时钟就做好了，欣赏一下吧！

10.3　制作精彩射击游戏

本节制作一个精彩的射击小游戏，相信读者会体验到前所未有的成就感。本节主要学习内容包括：

- 射击游戏制作的一般原理
- 检测碰撞
- 制作运动的背景
- 键盘检测

这个游戏的界面如图 10-61 所示，通过四个方向键控制飞船的运动。Ctrl 键用来发射激光武器，屏幕右边随机地有对手飞船飞过来，要么用激光武器把对手飞船击落，要么躲过去，如果被对手飞船撞到，就结束游戏。背景是移动的地面和星星，左上角显示当前的得分。

图 10-61　射击游戏界面

10.3.1　制作飞船

（1）新建一个 ActionScript 3.0 文档，背景颜色设置成黑色，尺寸为 440×240 像素。

（2）按 Ctrl+F8 键创建一个影片剪辑，命名为 spaceship。在元件编辑模式下，在舞台上绘制一个宇宙飞船，如图 10-62 所示。

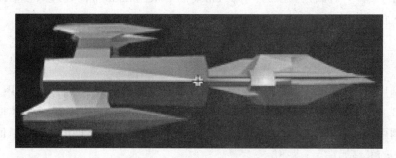

图 10-62　spaceship

本实例中，可以通过上、下、左、右方向键移动宇宙飞船，下面添加这个功能。首先使用 KeyboardEvent.KEY_DOWN 事件侦听器探测哪个键被按下，然后根据按下的键调整飞船的 X 坐标和 Y 坐标。

（3）回到主场景，新建一个图层，命名为 Actions，然后打开"动作"面板，在脚本窗格中添加如下代码：

```
// 定义按键变量，用于指示方向键是否按下
var upArrow:Boolean = false;
var downArrow:Boolean = false;
var leftArrow:Boolean = false;
var rightArrow:Boolean = false;
// 键盘按下事件侦听器
stage.addEventListener(KeyboardEvent.KEY_DOWN,keyDownFunction);
// 键盘释放事件侦听器
```

```
stage.addEventListener(KeyboardEvent.KEY_UP,keyUpFunction);
// 按下键盘
function keyDownFunction(event:KeyboardEvent) {
    switch (event.keyCode)
    {
        case Keyboard.UP:
        {
                upArrow = true;
                break;
        }
        case Keyboard.DOWN:
        {
                downArrow = true;
                break;
        }
        case Keyboard.LEFT:
        {
                leftArrow = true;
                break;
        }
        case Keyboard.RIGHT:
        {
                rightArrow = true;
                break;
        }
    }
}


// 释放键盘
function keyUpFunction(event:KeyboardEvent) {
    switch (event.keyCode)
    {
        case Keyboard.UP:
        {
                upArrow = false;
                break;
        }
        case Keyboard.DOWN:
        {
                downArrow = false;
                break;
        }
        case Keyboard.LEFT:
```

```
            {
                leftArrow = false;
                break;
            }
        case Keyboard.RIGHT:
            {
                rightArrow = false;
                break;
            }
        }
    }
```

（4）在"库"面板中选中元件 spaceship，然后单击鼠标右键，在弹出的快捷菜单中选择"属性"命令。在打开的"创建新元件"对话框中展开"高级"选项，勾选"为 ActionScript 导出"复选框，并在"类"文本框中输入 Spaceship，如图 10-63 所示。单击"确定"按钮关闭对话框。

（5）在"库"面板中选中元件 spaceship，单击鼠标右键，在弹出的快捷菜单中选择"编辑类"命令。Animate 将新建一个名为 Spaceship.as 的 ActionScript 类文件并打开，输入如下代码：

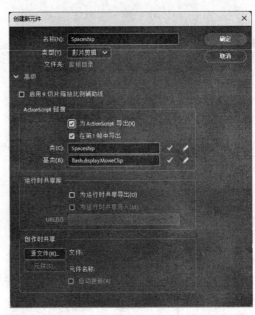

图 10-63 "创建新元件"对话框

```
package {
import flash.display.*;
import flash.events.*;
import flash.utils.getTimer;
// 定义 Spaceship 类
public class Spaceship extends
MovieClip {
// 飞船移动速率
const moveSpeed:Number = 10;
// 构造函数
public function Spaceship() {
// spaceship 的初始位置
this.x = 167;
this.y = 112;
// 运动
addEventListener(Event.ENTER_FRAME,moveShip);
}
// ENTER_FRAME 处理函数
public function moveShip(event:Event) {
// 往左移
if (MovieClip(parent).leftArrow) {
```

```
        this.x-=moveSpeed;
    }
    // 往右移
    if (MovieClip(parent).rightArrow) {
        this.x+=moveSpeed;
    }
    // 往上移
    if (MovieClip(parent).upArrow) {
    this.y-=moveSpeed;
    }
    // 往下移
    if (MovieClip(parent).downArrow) {
    this.y+=moveSpeed;
    }
    }
    }
    }
```

当 spaceship 加载到舞台上的时候，设置一个名为 moveSpeed 的变量，用于控制移动的像素，赋值为 10。如果想让飞船移动速度快一些，可以把这个数字设置得大一些。然后添加检测键盘的代码，使用方向键控制飞船的飞行方向。按向上键，飞船向上；按向左键，飞船向左，依此类推。

在舞台上加载一个 spaceship 实例之后，就可以使用方向键来控制飞船的移动了。

（6）在主时间轴的 Actions 层的第 1 帧，添加如下代码加载飞船：

```
// 定义变量，用于存储 Spaceship 对象
var spaceship:Spaceship;
// 生成 spaceship 加入到舞台上
spaceship = new Spaceship();
addChild(spaceship);
```

按方向键移动飞船的代码都写在 Enter Frame 事件处理函数中，每一次 spaceship 影片剪辑进入一个新的帧，这段代码都会执行。

10.3.2　制作武器

本节制作激光武器的影片剪辑。按下 Ctrl 键的时候，复制这个影片剪辑，设置它的初始位置和飞船的位置一样，然后在一个循环结构中增大它的 X 坐标，直到飞出屏幕。具体步骤如下：

（1）返回主时间轴，按 Ctrl+F8 键创建一个影片剪辑，命名为 laserFire。在元件编辑模式下，在舞台上绘制两条蓝色线条，如图 10-64 所示。

（2）打开"库"面板，在库项目列表中选中 laserFire，单击鼠标右键，在弹出的快捷菜单中选择"属性"命令，弹出"元件属性"对话框。展开"高级"选项，勾选"为 ActionScript 导出"复选框，此时"类"文本框中将自动填充类名，如图 10-65 所示。单击"确定"按钮关闭对话框。

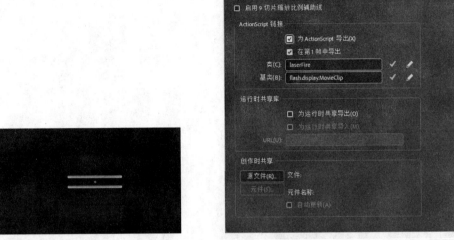

图 10-64   laserFire 效果   图 10-65   定义 laserFire 类

（3）在"库"面板中选中元件 laserFire，单击鼠标右键，在弹出的快捷菜单中选择"编辑类"命令。Animate 将新建一个名为 laserFire.as 的 ActionScript 类文件并打开，输入如下代码：

```
package {
import flash.display.MovieClip;
import flash.events.Event;
// 定义类 laserFire
public class laserFire extends MovieClip {
// laser 每一帧移动的像素数
private var laserMoveSpeed:int=20;
// 定义构造函数
public function laserFire(lx,ly:Number) {
// 初始位置
this.x = lx;
this.y = ly;
addEventListener(Event.ENTER_FRAME,moveLaser);
}
// ENTER_FRAME 事件处理函数
public function moveLaser(event:Event) {
// laser 向右运动
this.x+=laserMoveSpeed;
// laser 越过屏幕的右侧
if (this.x>440){
this.deleteLaser();
```

```
    }
    }
    }
    }
```

　　laser 的 Enter Frame 事件处理函数用于在舞台上移动 laser，并检测 laser 是否移动到屏幕的
右边界。如果 X 坐标比 440（舞台宽度）大，就调用函数 deleteLaser() 从数组中删除它，并从
舞台上删除。成员函数 deleteLaser() 将在以后的步骤中进行定义。

　　按下 Ctrl 键的时候，通过 addChild() 创建新的激光影片剪辑。现在来添加检测 Ctrl 键的
代码。

　　（4）返回主时间轴，在 Actions 层第 1 帧添加如下代码：

```
var maxLasers:int=4;
//lasers 数组
var lasers:Array=new Array();
// 标记 Ctrl 键是否按下
var ctrlKey:Boolean;
// 生成新的 laser
function fireLasers() {
if (lasers.length<maxLasers){
    var l:laserFire = new laserFire(spaceship.x+80,spaceship.y);
    addChild(l);
    lasers.push(l);
}
}
```

　　在 KEY_DOWN 事件处理函数 keyDownFunction() 中，添加如下代码：

```
case Keyboard.CONTROL:
{
    fireLasers();
    break;
}
```

　　在 KEY_UP 事件处理函数 keyUpFunction() 中，添加如下代码：

```
case Keyboard.CONTROL:
{
    ctrlKey = false;
    break;
}
```

　　按下 Ctrl 键的时候，调用自定义函数 fireLasers()。先判断当前屏幕上激光武器个数是否小
于最多限制数 maxLasers，如果返回真，则创建 laserFire 影片剪辑，然后把创建出的影片剪辑
存入数组 lasers 中；否则不创建新的 laserFire 影片剪辑。如果 laser 移出屏幕，调用 deleteLa-
ser() 将其从 lasers 数组和舞台上删除，这样可以限制在屏幕上最多只有 maxLasers 个 laser。

语句 var l:laserFire = new laserFire(spaceship.x+80,spaceship.y); 设置激光武器的 Y 坐标与飞船的 Y 坐标相同，激光武的 X 坐标等于飞船的 X 坐标加上 80。这是因为 X 坐标是相对于飞船的中心点来说的，希望武器从飞船的头部射出，所以就加上 80。

接下来添加成员函数 deleteLaser()。

（5）打开 laserFire.as 类文件，在类定义中添加如下代码：

```
// 移除舞台上的 laser 和事件
public function deleteLaser() {
MovieClip(parent).removeLasers(this);
MovieClip(parent).removeChild(this);
removeEventListener(Event.ENTER_FRAME,moveLaser);
}
```

在主时间轴 Actions 层的第 1 帧添加如下代码：

```
// 获取数组的一个 laser
function removeLasers(laser:laserFire) {
for(var i in lasers) {
if (lasers[i] == laser) {
    lasers.splice(i,1);
    break;
}
}
}
```

至此，武器初步完成，可以测试了，如图 10-66 所示。

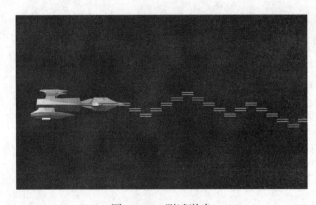

图 10-66　测试激光

10.3.3　制作滚动的地面

接下来添加虚拟的场景。首先制作地面，当飞船飞动的时候，地面可以相对运动，表明飞船正在飞行。

（1）在主时间轴创建一个新层，命名为 ground，使用绘图工具绘制一些表示地面的图形，如图 10-67 所示。

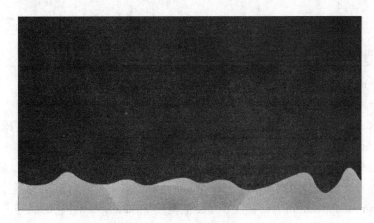

图 10-67　添加地面

　　一定要保证地面的尺寸和舞台的尺寸一致，而且开始的部分和结束的部分要高度一致，因为要让它循环运动，表示无穷无尽的地面。

　　（2）选中第（1）步绘制的地面，按 F8 键转化为影片剪辑。然后选中舞台上的影片剪辑实例，在属性面板的"实例名称"文本框中输入 ground。

　　为了显示飞船向右运动的效果，根据相对论，可以向左移动地面。移动地面的最好方法，就是让 ground 影片剪辑的 X 坐标逐渐地减小。

　　为了使移动的效果看起来更加平滑，需要两个这样的地面影片剪辑。但不是简单地把两个地面的影片剪辑拼在一起，而是把两个这样的地面影片剪辑放到另外的一个影片剪辑中，起名为 mainGround。然后用影片剪辑 mainGround 代替两个单独的 ground 影片剪辑。换句话说，mainGround 影片剪辑包含两个 ground 影片剪辑，通过移动 mainGround 来代替移动两个 ground 影片剪辑。要做的第一件事情就是把 ground 影片剪辑放到一个新的影片剪辑中。

　　（3）选中舞台上的 ground 实例，按 F8 键创建一个影片剪辑，命名为 mainGround，然后在属性面板上的"实例名称"文本框中输入 mainGround。

　　现在的 mainGround 影片剪辑只包含一个 ground 影片剪辑，接下来用 ActionScript 复制一个 ground。

　　（4）在"库"面板中选中 ground 元件，单击鼠标右键，在弹出的快捷菜单中选择"属性"命令。在弹出的"元件属性"对话框中展开"高级"选项，并勾选"为 ActionScript 导出"复选框，然后设置类名为 Ground，单击"确定"按钮关闭对话框。

　　现在可以为 mainGround 添加一些代码了。

　　（5）双击舞台上的 mainGround 实例，进入元件编辑窗口，新建一个名为 Actions 的图层，然后打开"动作"面板，在 Actions 层的第 1 帧添加下面的代码：

```
var testr:Object=this.root;
var ground2:Ground=new Ground();
addChild(ground2);
ground2.x = ground.x+ground.width;
ground2.y=ground.y;
var groundStartx:Number = testr.mainGround.x;
var groundSpeed:int=10;
```

提示：当 mainGround 第一次加载时，运行上面的代码。

第二行使用 new 运算符创建了一个 ground 影片剪辑，命名为 ground2。

第三行把 ground2 添加到舞台上。

第四行把 ground2 的 X 坐标设置成 ground 的 X 坐标加上 ground 的宽度，效果就是正好把 ground2 放在 ground 的右边。

第六行创建一个变量 groundStartx，并赋初值为 mainGround 的 X 坐标。目的是保存 mainGround 的初始位置，后面会用到它。

第七行 var groundSpeed:int=10; 建立一个新的变量 groundSpeed，它的值等于 10。这是地面每帧移动的像素数。

（6）在上述代码后面，再添加另外一个 Enter Frame 事件处理函数。

```
addEventListener(Event.ENTER_FRAME, ground_EnterFrame);
function ground_EnterFrame(event:Event):void
{
testr.mainGround.x-=groundSpeed;
if (testr.mainGround.x<= (groundStartx-ground.width))
  {
   testr.mainGround.x=groundStartx-groundSpeed;
  }
}
```

提示：这段代码放在 ENTER_FRAME 事件处理函数中，所以每次影片剪辑进入一个新帧的时候，它们都会被调用。mainGround 影片剪辑只有一帧，但是将一直进入那一帧，这个动作是循环的。

第四行 testr.mainGround.x- = groundSpeed; 把地面的 X 坐标减去 groundSpeed，前面已经把 groundSpeed 设置成了 10，所以这条语句就是把 mainGround 向左移动 10 个像素。

第五行检查 mainGround 内部的第一个 ground 是否已完全移出舞台。如果已移出舞台，第七行把 mainGround 的 X 坐标设置成它刚开始的坐标。

当第一个 ground 完全移出舞台的时候，它的 X 坐标等于它开始的 X 坐标减去它的宽度。此时，第二个 ground 刚出现在舞台上。

当 mainGround 重新移到它开始的位置时，必须同时减去 groundSpeed，因为 mainGround 仍然需要向左移动 groundSpeed 规定的距离。

现在读者可以测试一下这个滚动的地面了。

在大多数飞船游戏中，地面不是一直滚动的。一般情况是这样：飞船开始的时候在屏幕的最左边，当它移动到离屏幕左边大约屏幕宽度的三分之一时，飞船停止移动，地面开始反方向移动。

下面开始做这个改进，飞船的位置决定地面什么时候开始滚动，什么时候停止滚动。

（7）返回主场景，选中 Actions 层的第 1 帧，单击鼠标右键，打开"动作"面板，添加下面的代码：

```
var scrollx:Number=(mainGround.ground.width)/3;
var scrollStart:Boolean=false;
```

第一行新建一个变量 scrollx，把它设置成地面宽度的三分之一。这个变量是飞船刚刚停止向右运动时的 X 坐标，也是地面开始滚动时的 X 坐标。

第二行新建一个变量 scrollStart。这个变量在地面应该滚动的时候设置成 true，在地面静止的时候设置成 false。

为了实现飞船已经移动到了 scrollx 位置，飞船停止移动，地面开始反方向滚动，需要修改处理右方向键的事件代码。

（8）打开 Spaceship.as 文件，当前的 ENTER_FRAME 事件处理函数中向右方向键的处理代码应该是这样的：

```
if (MovieClip(parent).rightArrow) {
    this.x+=moveSpeed;
}
```

用下面的这段代码代替它：

```
if (MovieClip(parent).rightArrow) {
if (this.x<MovieClip(parent).scrollx){
    this.x+=moveSpeed;
}
else{
    MovieClip(parent).scrollStart=true;
}
}
```

引入一个 if 语句，如果 this.x(飞船的当前 X 坐标) 小于 scrollx，飞船的 X 坐标一直增大，一直右移，直到条件不成立时，把 scrollStart 设置成 true，不再改变飞船的 X 坐标。

地面不会一直滚动，在某些条件下，它是不应该滚动的。

（9）在主时间轴的 Actions 层第 1 帧的脚本窗格中，修改 Key UP 事件处理函数中向右方向键的处理代码：

```
case Keyboard.RIGHT:
{
    rightArrow = false;
    scrollStart=false;
    break;
}
```

当按下向右的方向键时，地面是滚动的；当释放向右的方向键时，地面停止滚动，就把 scrollStart 设置成 false。

接下来要做的就是添加一些代码，当 scrollStart 为 false 时，地面停止滚动。

（10）选中 mainGround 实例，打开它的脚本窗口，修改 Enter Frame 事件处理函数如下：

```
addEventListener(Event.ENTER_FRAME, ground_EnterFrame);
function ground_EnterFrame(event:Event):void
{
if(parent["scrollStart"]){
testr.mainGround.x-=groundSpeed;
    if (testr.mainGround.x<= (groundStartx-ground.width))
  {
   testr.mainGround.x=groundStartx-groundSpeed;
  }
 }
}
```

所做的就是添加了一个 if 语句，当 scrollStart 为 true 时，移动 mainGround。

现在测试一下影片，可以看到，当飞船移动到屏幕三分之一的时候，飞船停止运动，而地面反而滚动起来，效果就像飞船一直在飞一样。

10.3.4 制作移动的星空背景

为使游戏的画面更漂亮一些，接下来制作一个移动的星空背景，如图 10-68 所示。

图 10-68 添加星空背景

读者可以试着自己加上这个滚动的背景，所有的步骤与添加地面的步骤一样，唯一的区别就是图形应该是星空的图形，而不是地面。

首先创建一个名为 stars 的影片剪辑，影片剪辑中心与舞台注册点对齐，并在"元件属性"对话框中定义类 Stars，然后另存为影片剪辑 mainStars，把移动速度设置慢一些，比如说 4。mainStars 实例的动作脚本应该与下面的代码类似：

```
    var teststar:Object=this.root;
 // 创建 Stars 实例并添加到舞台上
    var stars2:Stars=new Stars();
```

```
    addChild(stars2);
// 定义初始 x 位置
    stars2.x = stars.x+stars.width;
    stars2.y=stars.y;
    var starsStartx:Number = teststar.mainStars.stars.x;
    // 星空移动速率
 var starsSpeed:int=4;

// Enter Frame 事件
addEventListener(Event.ENTER_FRAME, ground_EnterFrame);
function ground_EnterFrame(event:Event):void
{
    if (parent["scrollStart"])
    {
teststar.mainStars.x-=starsSpeed;
        if (teststar.mainStars.x<= (starsStartx-stars.width))
        {
          teststar.mainStars.x=starsStartx-starsSpeed;
        }
    }
    }
```

10.3.5　创建对手飞船

既然是射击游戏，没有对手还叫什么游戏，接下来创建"对手"。

（1）按 Ctrl+F8 键创建一个影片剪辑，命名为 enemy。在元件编辑模式下，使用绘图工具绘制一个对手飞船，如图 10-69 所示。

游戏按照传统的射击游戏的结构设计。对手飞船从屏幕右边移到左边，游戏玩家要么避开对手，要么把对手射中。如果游戏玩家射中对手飞船，对手飞船会爆炸；如果飞船被对手飞船碰到，则游戏结束。

对手从屏幕右边出现，向左边飞来，如果所有的对手都从同一个位置飞过来，这个游戏就太简单了。需要引入一个随机量，让所有的对手飞船从同样的 X 坐标（也就是屏幕右侧）开始，但是每一个都应该有一个随机的 Y 坐标。对手飞船移动的速度也随机化，增加游戏的难度。写一段代码来设置对手飞船的随机初始位置和速度。

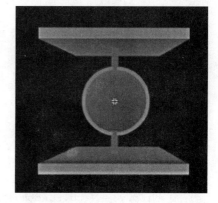

图 10-69　enemy

（2）回到主时间轴，在"库"面板中选中 enemy 元件，单击鼠标右键，在弹出的快捷菜单中选择"属性"命令。在弹出的"元件属性"对话框中展开"高级"选项，并勾选"为 Action-Script 导出"复选框，然后设置类名为 Enemy，单击"确定"按钮关闭对话框。

（3）在"库"面板中选中 enemy 元件，单击鼠标右键，在弹出的快捷菜单中选择"编辑类"

命令。Animate 将创建一个名为 Enemy.as 的 ActionScript 类文件并打开，在类文件编辑窗口编写如下代码：

```
package {
import flash.display.MovieClip;
import flash.events.Event;

public class Enemy extends MovieClip {
// Emeny 的速度
private var enemySpeed:Number;

public function Enemy(enemy_y:Number,speed:Number) {
// 定义初始位置
this.x = 450;
this.y = enemy_y;
enemySpeed = speed;
// 侦听 ENTER_FRAME 事件
addEventListener(Event.ENTER_FRAME,moveEnemy);
}
}
}
```

上面这段代码做两件事情。首先定义对手飞船的坐标位置，其次侦听 ENTER_FRAME 事件，移动对手飞船并检测边界。

已经创建了 enemy 影片剪辑，而且也已经设置了它的初始位置，现在让它动起来。

（4）在构造函数 Enemy() 之后添加下面的 ENTER_FRAME 事件处理代码：

```
public function moveEnemy(event:Event) {
// 移动 enemy
if (MovieClip(parent).scrollStart){
    this.x -= enemySpeed+10;
}
else{
    this.x-=enemySpeed;
}
// 检测边界
if (this.x<0) {
    this.x =450;
    this.y = Math.random()*200+100;
    enemySpeed = Math.random()*3+1;
}
}
```

this.x=450; 把对手飞船的 X 坐标设置为 450。

this.y = Math.random()*200+100; 把对手的 Y 坐标设置成一个 100～300 之间的随机数。

Math.random() 是 Animate 预定义的一个产生随机数的函数，生成一个 0.0～1.0 之间的随机数。在这个随机数的基础上加了 100，确保初始的 y 值不是舞台的最顶端。

enemySpeed = Math.random()*3+1; 设置 enemySpeed 为一个 1～4 之间的随机数，这是对手飞船每一帧移动的像素数。

> **提示**：这段代码做两件事情。通过减小对手飞船的 X 坐标，把对手飞船从舞台右边移到舞台左边；如果对手飞船移出了舞台的最左边，则重置对手飞船的位置。

首先，if 语句检查 scrollStart 是否为真。如果为真，对手飞船的 X 坐标减去 (enemySpeed+groundSpeed)，注意，不是只减去 enemySpeed。其中，groundSpeed（地面移动速度）已赋值为 10。

如果地面没有滚动，对手飞船减去随机数 enemySpeed 向左移动；如果地面正在滚动，对手飞船要减去 enemySpeed，再减去地面滚动的速度。这样做的目的，是为了使飞船的移动更加真实。这是很简单的相对运动的知识。

第二个 if 语句检查对手飞船实例是否已经移出了舞台的左边界。如果为真，将影片剪辑重新移到舞台的右边，并且给它设置一个新的随机速度和随机 Y 坐标。

仅有一个对手的游戏不能算是一个有挑战性的游戏，所以用 addChild() 创建多个对手。把复制对手的代码放到主时间轴的 Actions 图层。

（5）在主时间轴上选中 Actions 层的第 1 帧，打开"动作"面板，输入下面的代码：

```
//enemy 数组
var enemy:Array;
var numEnemy:int=3;
// 生成 emeny 数组
enemy = new Array();
// 随机的高度和速度
var enemy_y:Number=Math.random()*200+100;
var enemySpeed:Number=Math.random()*3+1;
// 创建 enemy
for (var i:int=1;i<numEnemy;i++)
{
    var e:Enemy = new Enemy(enemy_y,enemySpeed);
    addChild(e);
    enemy.push(e);
}
```

第一行建立一个新的变量 numEnemy，并且赋初值为 3。这个变量是任何一个时间点舞台上对手飞船的个数。如果想增加游戏的难度，增加 numEnemy 就可以了。

下面的 for 循环创建 Enemy 影片剪辑，并存储到数组 enemy 中。

10.3.6 制作敌我交锋场景

（1）在主时间轴上，为 Actions 层以外的每一个层在第 2 帧添加一个普通帧，在 Actions 层第 2 帧添加一个关键帧，打开"动作"面板，添加如下代码：

```
stop();
```

作用是把主时间轴停下来。

读者可能会问，主时间轴都停下来了，游戏还怎么玩呢？尽管主时间轴把武器停下来了，spaceship 和 ground 影片剪辑仍然是在运动的。影片剪辑的时间轴和主时间轴是独立的，除非明确指明某个影片剪辑停下来，否则它们将一直运行。现在测试影片，可以看到多个对手飞船从屏幕上飞过来。

现在还有一件关键的事情需要解决，就是检测碰撞。要检测一个激光武器是否击中对手飞船，如果击中，对手飞船爆炸；还要检测对手飞船是否撞到飞船，如果撞到，游戏结束。

在 Animate 中，如何检测碰撞呢？飞船、对手飞船和激光武器都是影片剪辑，所以需要一个简单的方法来检测影片剪辑之间的碰撞。Animate 引入了一个 hitTestObject 方法，这个方法对检测两个影片剪辑之间的碰撞相当不错，而且使用起来非常简单。

假设有两个影片剪辑实例，分别为 movie1 和 movie2，下面的代码就可以检测到它们是否碰撞：movie1.hitTestObject(movie2)。

通常，有两种方法使用 hitTestObject。

方法一：

使用 movie1.hitTestObject(movie2) 检测两个影片剪辑的碰撞或者重叠。如果两个影片剪辑的外接矩形有重叠部分，则返回一个布尔真值。

什么是外接矩形呢？把它想象成一个画在影片剪辑边界上的不可见的矩形，如果单击某个影片剪辑，并选中它，可以看到外接矩形被高亮显示，如图 10-70 所示的蓝色矩形就是影片剪辑 spaceship 的外接矩形。

在这里，读者一定要清楚，hitTestObject 检测的是两个影片剪辑的外接矩形重叠，不是两个影片剪辑的图形重叠。

图 10-71 显示了影片剪辑 spaceship 和 enemy 的外接矩形。两个外接矩形是有重叠部分的，如果使用 hitTestObject 检测，结果将是真，尽管这两个影片剪辑的图形并没有重叠。

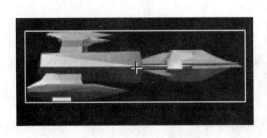

图 10-70　外接矩形图

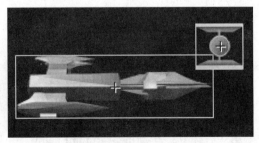

图 10-71　外接矩形相交

这不算什么问题，因为 spaceship 差不多填满了整个外接矩形，再加上所有飞船和激光武器移动速度都是很快的，所以玩家很难注意到这里不太精确的碰撞检测。

方法二：

使用语句 movie1.hitTestObject (x,y,shapeFlag) 检测一个影片剪辑和一个点的碰撞。X 和 Y 是点的坐标，shapeFlag 是一个布尔量，值由用户设置。如果想检测 movieclip 图形和特定点的碰撞，把它置成 true；如果只希望检测影片剪辑外接矩形和特定点的碰撞，则把它置成 false。这种 hitTestObject 用法可以检测更加精确的碰撞，但是在游戏设计中并不太常用，因为一般要检测两个影片剪辑的碰撞，而不是一个点和一个影片剪辑的碰撞。

接下来编写检测激光武器和对手飞船碰撞的代码。

（2）选中主时间轴上 Actions 层的第 1 帧，打开"动作"面板，添加一个 ENTER_FRAME 事件处理函数，代码如下：

```
addEventListener(Event.ENTER_FRAME,checkForHits);
// 碰撞检测
function checkForHits(event:Event) {
for (var eNum:int=enemy.length-1;eNum>=0;eNum--)
    {
    for(var lNum:int=lasers.length-1;lNum>=0;lNum--)
 {
if (enemy[eNum].hitTestObject(lasers[lNum])) {
// 调用 enemyHit() 处理碰撞事件
enemy[eNum].enemyHit();
// 计算得分
totalScore+=100;
// 调用 deleteLaser() 删除 laser
lasers[lNum].deleteLaser();
// 调用函数显示得分
showGameScore();
break;
}
}
}
}
```

上面的函数使用 for 循环检测激光武器是否和任何一个对手飞船实例碰撞。如果 hitTestObject 返回真，那么 enemy[eNum].enemyHit(); 代码将被执行。这行代码处理对手飞船被击中后的一些相关问题，与激光武器碰撞的 enemy 实例跳转到它的第 2 帧，开始播放一个爆炸的动画。然后把变量 totalScore 的值加上 100，在这里还没有设置这个变量，在下一步中设置它，用来存储玩家在游戏中的得分。自定义函数 showGameScore() 用于在屏幕上显示玩家得分，将在下面的步骤中进行讲解。

现在添加一个显示得分的显示框。

（3）在主时间轴上添加一个新层，重命名为 score。使用"文本工具"创建一个动态文本框，放在合适的地方，在属性面板上设置实例名称为 score，字符大小为 20，颜色为橙色，如图 10-72 所示。然后适当调整文本框的宽度，以完全显示分数，如图 10-73 所示。

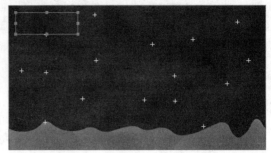

图 10-72　动态文本框的属性设置　　　　　　　图 10-73　调整文本框

（4）在主时间轴选中 Actions 层的第 1 帧，打开"动作"面板。在所有代码的最后添加下面的代码：

```
var totalScore:int;// 得分
// 自定义函数
function showGameScore() {
score.text = String(totalScore);
}
```

上述代码第一行设置了与动态文本框 score 关联的变量，并且在游戏开始的时候，把它的初值设置为 0。接下来的自定义函数将变量 totalScore 转换为字符串类型，并赋值给动态文本框 score 的 text 属性，用于在屏幕上显示得分。

接下来，添加对手飞船被激光武器击中后的爆炸动画。

（5）打开"库"面板，双击 enemy 影片剪辑，进入 enemy 的元件编辑窗口。

（6）在图层 1 中选中第 2 帧 ~ 第 6 帧，按 F7 键插入五个空白关键帧。

（7）选中第 2 帧，在舞台上绘制一个图 10-74 所示的图形。

（8）选中第 3 帧，在舞台上绘制一个图 10-75 所示的图形。

图 10-74　第 2 帧　　　　　　　　　　　图 10-75　第 3 帧

（9）选中第 4 帧，在舞台上绘制一个如图 10-76 所示的图形。

（10）选中第 5 帧，在舞台上绘制一个如图 10-77 所示的图形。

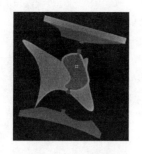

图 10-76　第 4 帧

图 10-77　第 5 帧

（11）在 enemy 的时间轴添加一个新层，重命名为 Actions。选中 Actions 层的第 1 帧，打开"动作"面板，输入下面的代码：

```
stop();
```

上述代码的目的就是让 enemy 实例在第 1 帧停下来。让 enemy 实例停在第 1 帧，直到 enemy 被一个激光武器击中，才显示后面帧的爆炸动画。

（12）将 Actions 层的第 6 帧转换为空白关键帧。选中该帧，打开"动作"面板，添加如下代码：

```
stop();
```

在爆炸动画过后，让 enemy 实例停在第 6 帧，这一帧没有图形。enemy 实例仍然存在，仍然向左移动直到移出舞台后被重新加载。由于没有图形显示，所以 Animate 将不检测 enemy 和激光武器以及和飞船的碰撞。这正是希望的效果，不想把对手飞船打爆炸以后，还会因为和它碰撞而让游戏停止。

接下来定义 enemyHit() 函数体，当 laser 和 enemy 实例碰撞的时候，让 enemy 开始从第 2 帧播放。

（13）打开 Enemy.as 类文件，在类定义中添加 enemyHit() 函数，代码如下：

```
// enemy 被 laser 击中跳转到第 2 帧播放爆炸动画
public function enemyHit() {
    this.gotoAndPlay(2);
}
```

接下来检测 spaceship 和 enemy 的碰撞。当对手的飞船和玩家的飞船碰到的时候，游戏结束，相当于两个飞船都撞毁了。将在主时间轴添加检测 enemy 和 spaceship 碰撞的代码，如果碰撞，主时间轴跳到游戏结束的部分。所以，有两件事情要做：

① 添加检测碰撞的代码。

② 在主时间轴上创建一个游戏结束的部分。

（14）在主时间轴上修改 checkForHits(event:Event) 函数，添加 enemy 与 spaceship 的碰撞检测代码，修改后的 checkForHits(event:Event) 函数如下：

```
function checkForHits(event:Event) {
for (var eNum:int=enemy.length-1;eNum>=0;eNum--)
    {
```

```
        for(var lNum:int=lasers.length-1;lNum>=0;lNum--)

    {
if (enemy[eNum].hitTestObject(lasers[lNum])) {

enemy[eNum].enemyHit();
totalScore+=100;
lasers[lNum].deleteLaser();
showGameScore();
break;
}
}
// 检测飞船是否与 enemy 碰撞
if (enemy[eNum].hitTestObject(spaceship)){
// 跳转到标签名为 gameOver 的帧
gotoAndStop("gameOver");
}
}
}
```

这个 if 语句检查实例 enemy 是否和 spaceship 碰撞，如果碰撞，主时间轴跳到一个标签为 gameOver 的帧。

已经设置好了实例 enemy，当它被 laser 击中的时候，运行一段爆炸的动画，然后停在空的第 6 帧。当它移出舞台的左边界时，通过重置坐标和速度，它就变成了一个新的对手飞船。事实上它还是原来的那个影片剪辑，但在玩家看来，好像是从舞台右边出来的一个新的对手飞船。所以，需要确保对手飞船在爆炸之后，应该被重新设置为跳回第 1 帧。

（15）在 Enemy.as 类文件的构造函数和 ENTER_FRAME 事件处理函数 moveEnemy() 中均添加一行语句：

```
this.gotoAndStop(1);
```

修改后的 moveEnemy() 函数应该如下：

```
public function moveEnemy(event:Event) {
// 移动 enemy
if (MovieClip(parent).scrollStart){
    this.x -= enemySpeed+10;
}
else{
    this.x-=enemySpeed;
}
//检测边界
if (this.x<0) {
this.x = 450;
this.y = Math.random()*200+100;
```

```
enemySpeed = Math.random()*3+1;
this.gotoAndStop(1);
}
}
```

10.3.7　制作游戏结束画面

现在创建一个游戏结束的消息，当玩家的飞船和对手飞船碰撞的时候，这条消息显示在屏幕上。

读者可以做一个动画作为游戏的结束，本例为了简单起见，游戏结束画面只有一帧，显示一条游戏结束的消息和最后的得分。

（1）在主时间轴上的每一层最后添加一帧，这样每一层都有 3 帧。

（2）新建一个名为 control 的图层，将 control 层的第 3 帧转换为空白关键帧。

在前面的介绍中，已经设置了关于 gameOver 的代码，当玩家的飞船和对手飞船碰撞的时候，主时间轴跳到标签为 gameOver 的帧。

（3）选中 control 层的第 3 帧，在属性面板中将该帧命名为 gameOver。

（4）在主时间轴中，添加一个新层，命名为 game over，将 game over 层的第 3 帧转换为空白关键帧。

（5）选中空白关键帧，选择绘图工具箱中的"文本工具"，在舞台上添加一个文本框。在属性面板上设置文本类型为"静态文本"，大小为 49，颜色为蓝色，如图 10-78 所示。

（6）双击舞台上的文本框，输入"Game Over"，如图 10-79 所示。

图 10-78　静态文本框的属性设置

图 10-79　添加 game over 文本框

游戏进行的时候，主时间轴停在第 2 帧；游戏结束的时候，主时间轴跳到第 3 帧。此时，飞船、激光武器和对手飞船不应该还显示在屏幕上。为便于调用，编写一个函数处理游戏结束时的工作。

（7）在主时间轴 Actions 层的第 1 帧添加一个 endGame() 函数，代码如下：

```
// 游戏结束，移除界面上的东西。
function endGame() {
// 移除 Enemy
for(var i:int=enemy.length-1;i>=0;i--) {
enemy[i].deleteEnemy();
```

```
    }
enemy = null;
// 移除飞船
spaceship.deleteShip();
spaceship = null;
// 移除 laser
for(var j:int=lasers.length-1;j>=0;j--) {
lasers[j].deleteLaser();
}
lasers = null;
// 移除侦听器
removeEventListener(Event.ENTER_FRAME,checkForHits);
// 跳转到标签为 gameOver 的帧
gotoAndStop("gameOver");
}
```

（8）修改碰撞检测代码，当飞船与对手飞船相撞后，调用 endGame() 函数。修改后的代码如下：

```
function checkForHits(event:Event) {
for (var eNum:int=enemy.length-1;eNum>=0;eNum--)
    {
    for(var lNum:int=lasers.length-1;lNum>=0;lNum--)
 {
if (enemy[eNum].hitTestObject(lasers[lNum])) {
enemy[eNum].enemyHit();
totalScore+=100;
lasers[lNum].deleteLaser();
/*laserCounter++;*/
showGameScore();
break;
}
}
if (enemy[eNum].hitTestObject(spaceship)){
endGame();
}
}
}
```

（9）打开 Spaceship.as 类文件，在类定义中添加成员函数 deleteShip()，代码如下：

```
// 移除屏幕上的飞船和事件
public function deleteShip() {
parent.removeChild(this);
removeEventListener(Event.ENTER_FRAME,moveShip);
```

```
}
```

（10）打开 Enemy.as 类文件，在类定义中添加成员函数 deleteEnemy()，代码如下：

```
// 移除舞台上的 enemy 和事件
public function deleteEnemy() {
removeEventListener(Event.ENTER_FRAME,moveEnemy);
MovieClip(parent).removeEnemy(this);
MovieClip(this.parent).removeChild(this);
}
```

（11）在时间轴的 Actions 层的第 1 帧添加 removeEnemy() 函数：

```
// 从数组获取 enemy
function removeEnemy(enemys:Enemy) {
for(var i in enemy) {
if (enemy[i] == enemys) {
// 从数组中弹出指定索引的对象
enemy.splice(i,1);
break;
}
}
}
```

（12）为便于管理代码，将主时间轴 Actions 层第 1 帧中的初始化代码编写成一个函数 startAirShoot()，如下所示：

```
function startAirShoot() {
// 初始化得分数
totalScore = 0;
showGameScore();
// 生成 spaceship 加入到舞台上
spaceship = new Spaceship();
addChild(spaceship);
// 生成 emeny、lasers 数组
enemy = new Array();
lasers = new Array();
// 键盘按下、释放事件侦听器
stage.addEventListener(KeyboardEvent.KEY_DOWN,keyDownFunction);
stage.addEventListener(KeyboardEvent.KEY_UP,keyUpFunction);
// 进入帧事件侦听器，检测 laser 击中 enemy 的碰撞检测。
addEventListener(Event.ENTER_FRAME,checkForHits);
// 生成 enemys
newEnemy();
}
// 生成对手飞船
```

```
function newEnemy() {
// 随机的速度和高度
var enemy_y:Number=Math.random()*200+100;
var enemySpeed:Number=Math.random()*3+1;
// 生成 enemy
for (var i:int=1;i<numEnemy;i++)
{
    var e:Enemy = new Enemy(enemy_y,enemySpeed);
    addChild(e);
    enemy.push(e);
}
}
```

然后在第 1 帧添加如下代码：

```
stage.focus=this;
startAirShoot();
```

> **注意：** 在使用键盘事件时，要先获得它的焦点，如果不想指定焦点，可以直接把 stage 作为侦听的目标。

至此，已经完成了所有的核心代码，读者可以测试一下，玩玩自己设计的游戏了。

10.3.8 对游戏进行完善

玩过之后，读者可能会发现有一个地方需要改进，那就是游戏结束之后，需要一个方法来重新开始新的游戏。

本例使用一个重新开始按钮来重新开始游戏。

（1）在主时间轴中，添加一个新层，命名为 restart。将这层的第 3 帧转换为一个空白关键帧。

（2）选中空白关键帧，使用绘图工具在舞台上绘制一个白色边框、蓝色填充的矩形。然后使用"文本工具"在矩形上方添加一个静态文本框，字体大小为 26，颜色为白色，输入 RESTART，如图 10-80 所示。

图 10-80　Restart 按钮

（3）同时选中矩形和文本框，按 F8 键把它转换为一个按钮，命名为 restart。下面为这个按钮添加一些代码。

（4）选中舞台上的 restart 按钮，在属性面板上的"实例名称"文本框中输入 restart，将 Actions 第 3 帧转换为空白关键帧，然后打开"动作"面板，输入下面的代码：

```
restart.addEventListener(MouseEvent.CLICK, ClickToRestart);
function ClickToRestart(event:MouseEvent):void
{
    gotoAndPlay(1);
}
```

这段代码的意思就是单击按钮之后，回到主时间轴的第 1 帧，重新开始游戏。

10.3.9　测试影片

到这一步，游戏已经制作完成。接下来可以玩一玩这个精彩的小游戏了。

（1）按 Ctrl+Enter 键，开始进入游戏。

（2）按照前面做好的设置，开始玩游戏，如图 10-81 所示。

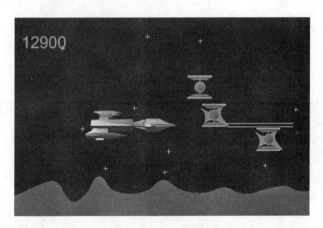

图 10-81　游戏画面

10.4　本章小结

本章首先介绍了反射波演示动画的制作方法，这个实例用到了多种图形绘制的方法，最重要的是在多处使用了帧动作和按钮动作。许多动态网页和课件都是基于这种技术制作的。通过这个实例，希望读者能够深刻体会动画的流程，理解 ActionScript 的原理，从而举一反三做出更精彩的例子。

其次，详细介绍了实时钟的制作，主要通过使用 Date 对象实现，读者可以发挥想象力，制作出更精彩的动画作品。

最后学习了一个射击游戏的制作。做完这个例子之后，读者应该学会如何实现一个小的游戏，尤其是了解其中对手的运动方式和自己的运动方式。

10.5　思考与练习

1. 本章第一个实例中，对"重播""暂停"和"继续"按钮编写的代码有什么不同？为什么？

2. 在实时钟实例中是如何使用 Date 的？

3. 简述在游戏实例中，游戏由哪些部分组成，如何分别制作。

4. 简述在本章游戏实例中，如何处理与对手交火的场景。

5. 使用方向键控制物体移动，制作两个甲虫在屏幕上移动的实例，要求两个甲虫移动分开控制。一个使用方向键，另一个使用 W(87)—up、A(65)—left、S(83)—down、D(68) —right、Ctrl(17)—Acceleration。